Nurtaç Çınar

Biyolojik Mücadele Etmenleri Üzerine Farklı Besinlerin Etkileri

Nurtaç Çınar

Biyolojik Mücadele Etmenleri Üzerine Farklı Besinlerin Etkileri

Trichogramma turcestanica (Meyer, 1940) ve Bracon hebetor (Say, 1836)' da Bazı Yaşamsal Özellikler

Türkiye Alim Kitapları

Impressum / Yayınevi adı
Bibliografische Information der Deutschen Nationalbibliothek: Die Deutsche Nationalbibliothek verzeichnet diese Publikation in der Deutschen Nationalbibliografie; detaillierte bibliografische Daten sind im Internet über http://dnb.d-nb.de abrufbar.

Deutsche Nationalbibliothek tarafından yayınlanan bibliyografik bilgiler: Deutsche Nationalbibliothek, bu yayını Deutsche Nationalbibliografie'de listeler; detaylı bibliyografik bilgi İnternet'te http://dnb.d-nb.de sitesinde mevcuttur.

Coverbild / Kitap kapağı resmi: www.ingimage.com

Verlag / Yayıncı:
Türkiye Alim Kitapları
ist ein Imprint der / yayınevinin bir ticari markasıdır
OmniScriptum GmbH & Co. KG
Heinrich-Böcking-Str. 6-8, 66121 Saarbrücken, Deutschland / Almanya
Email / E-posta: info@turkiye-alim-kitaplary.com

Herstellung: siehe letzte Seite /
Basım yeri: son sayfaya bakın
ISBN: 978-3-639-67266-4

Zugl. / Approved by: Kayseri, Erciyes Üniversitesi, 2009

İÇİNDEKİLER

1. BÖLÜM
GİRİŞ

Dünya nüfusunun fazlalığı ve sürekli artışı daha fazla tarımsal araziye ihtiyaç duyulmasına neden olmaktadır. Bunun sonucunda doğal ekosistem insanlar tarafından hızla değiştirilmekte, ormanlar, doğal bitkiler, hayvanlar ve toprak zarar görmektedir. Dünyanın geleceğini korumak için ise alanların çoğu yaban hayatına bırakılmalı, yeterli gıda üretmek için tarım ve ticaret uygulamaları yüksek yeterlılıkte, sürdürülebilir ve çevreyi kirletmeyen bir sistem dâhilinde yürütülmelidir. Gelecekteki tarım uygulamalarında problemlerin çözümü için çevreyi kirletmeyen ve sürdürülebilirliği olan zararlı kontrol sistemleri uygulanmalıdır.

Tarım ürünlerinde kayıp meydana getiren çoğu zararlı insanoğlunun ürün yetiştirmesine paralel olarak ortaya çıkmış; geniş alanlarda hasat zamanı aynı olacak şekilde, tek tip ürün yetiştirilmesi ve ürünün birdenbire ortadan kaldırılması popülâsyonların yoğunluğunu değiştirmiştir. Üretim-hasat döngüsü kimi canlılar için çoğaltıcı kimi canlılar için ise yok edici olmuştur. Hasat zamanında yumurta bırakanlar ve ürün yokken pupa devresinde besinsiz yaşayanlar bu duruma kolay uyum sağlamış ve yaşamlarını sürdürmüşlerdir. Besinin ortadan kalkmasıyla yok olan canlılar ise besin zincirini etkilemiş, onların varlığında zararsız olan türler zarar eşiğinin üstüne çıkmıştır [1].

Bazı zararlı böceklerin çeltik, pamuk, mısır, şeker kamışı ve buğdayda sırasıyla % 58, % 47, % 33, % 33 ve % 50 oranında ürün kaybına neden oldukları bildirilmiştir. Tarımsal ürünlerden (özellikle de tahıllardan) yüksek verim elde etmek için etkili üretim yöntemleri uygulamak ve ürünlerin kaybını en aza indirecek şekilde depolama yöntemleri geliştirerek korumak gerekmektedir. Gelişmekte olan ülkelerde ürün kaybı % 10-30 arasında değişirken, gelişmiş ülkelerde bu oran % 1 civarındadır [2]. Hasat edilerek depolanmış ürün hasat, taşıma, depolama masraflarını da kapsadığından tarladaki üründen çok daha kıymetlidir.

Ülkemizde tarımsal üretimin önemli kısmını oluşturan tahıl ürünleri depolama döneminde birçok zararlı tarafından tahrip edilmektedir. *Ephestia cautelle., E. kuehniella, Lasioderma serricorne, Oryzaephilus surinamensis, Plodia interpunctella, Rhyzopertha dominica, Sitophilus spp., Tribolium spp.* ve *Trogoderma granarium* ülkemizde sık rastlanan önemli depo zararlılarıdır [2].

Depo zararlılarıyla mücadelede kullanılan kimyasalların insan sağlığına ve çevreye olan önemli etkileri, bu kimyasallara karşı zararlılarda meydana gelen direnç yıllardan beri karşılaşılan en önemli güçlüklerdir. Ülkemiz de dahil olmak üzere hemen tüm dünya ülkelerinde yaygın ve başarılı bir şekilde kullanılan fumigantlardan fosfine karşı birçok böcek türünde direnç oluşurken, metil bromidin insan sağlığını ciddi bir şekilde tehdit etmesi sonucu başta Kanada ve ABD olmak üzere bazı ülkelerde kullanımı yasaklanmıştır [3].

İkinci dünya harbi boyunca geliştirilen ve savaştan sonra tarım zararlılarına karşı kullanılarak o günler için olağanüstü başarılı sonuçlar verdiği görülen kimyasal sentetik bileşiklerin kullanımında bir süre sonra tereddütler doğmaya başlamış ve araştırmacıların dikkatleri yeniden ekolojik dengeyi bozmayacak mücadele tekniklerine ve özellikle biyolojik mücadeleye çevrilmiştir [4].

Zaralılara karşı yapılan biyolojik mücadele dört esas noktada toplanmaktadır: Doğal düşman popülâsyonlarının korunması, doğal düşmanların performansının arttırılması, doğal düşman popülâsyonlarının arttırılması ve yabancı türlerin ithal edilmesi [4].

Doğal düşmanların korunması direk olarak gıda, konukçu, barınak sağlanması yada kendi antagonist ve parazitoitlerinden korunması olarak tanımlanabilir [5]. Ergin doğal düşmanların performanslarının ve popülasyonlarının artırılması için en önemli husus, doğal düşman erginlerinin beslenmesini sağlayabilmektedir [4].

Bu çalışmada biyolojik mücadele çalışmalarının başarısında, besinin varlığının ve çeşidinin etkisi değerlendirilmiştir. Hymenoptera takımına ait önemli parazitoit türleri olan *Tricogramma turkestanica* ve *Bracon hebetor*'un konak un güvesi *Ephestia kuehniella* Zeller (Lepidoptera: Pyralidae) üzerindeki parazitik etkilerinin artırılması amacıyla verilen besin çeşitlerinin ömür uzunluğu, parazitleme kapasitesi, ergin çıkışı ve cinsiyet oranı üzerine etkileri gözlemlenmiştir. Parazitoitlere verilen besinlerin seçiminde öncelikle laboratuarda rutin olarak kullanılan bala alternatif olacak ve daha az maliyetle temin edilebilecek kaynaklar araştırılmış ve şeker fabrikalarının yan ürünü olan melas belirlenmiştir. Ayrıca işlenmiş yöresel ürünlerden pekmez ve kuru üzüm, ticari ürünlerden mikrobiyolojik kullanım amaçlı sakkaroz ve glikozdan hazırlanan çözeltiler ve yumurta sarısı emüsyonu kullanılmıştır. Parazitoitlerin doğadaki çiçeklerle beslenme olanakları da araştırılmış, çeşitli bitkilere ait çiçekler laboratuar ortamında parazitoitlere verilerek değerlendirilmiştir.

2. BÖLÜM
GENEL BİLGİLER

Kimyasal maddeler kullanılarak böceklerin öldürülmesine ''Kimyasal savaşım'' denilmektedir. Bir zehirle ölüm bu maddenin bir canlı prosesle etkileşimi sonucu ortaya çıkar. Zehirli madde bir canlı yüzeyde veya iç tarafta birikmek suretiyle veya bir enzim üzerinde toplanarak onun normal etkisini göstermesini önleyerek veya onun elektron grubunu değiştirip etkisini bozarak tesirini gösterir [6].

Kimyasal mücadelede böcek popülasyonları ilaç uygulamasından hemen sonra sayıca düşer, ama bir süre sonra tekrar yükselir, bu da belirli aralıklarla ilaç uygulamasının tekrarlanmasını gerektirir. Pestisitler bitki hastalıklarının ve yabani otların kontrolünde etkili olsa da, pamuk zararlısı gibi bazı türlerin kontrolünde yetersiz kalır, çevreyi kirletir ve insan sağlığına zarar verir. Ayrıca pestisitlerin yaygın olarak kullanıldığı alanlardan bir miktar pestisit başka yerlere taşınarak; toprakta, suda, kuşlarda ve diğer yabani hayvanlarda depolanabilmektedir. Yaygın bir pestisit olan DDT'nin hatalı kullanımı ile yada gıdalar yoluyla insanlara bulaşımı söz konusu olmakta ve yağ dokuda depolanan DDT tespiti zor olduğundan ani ölümlere yol açabilmektedir [1].

Pestisitler hedef böceği kontrol etmede başarılı olduğunda ise yeni zararlı türler ortaya çıkmış, böceğin ilacın toksinini zararsız hale getirmesi veya ilaçtan kaçması ile geliştirdiği dayanıklılık önemli bir problem olmuştur. İnsektisitler faydalı böcekleri, akarisitler predatör akarları öldürmüştür. Ayrıca herbisitler ve toprak fumigantları yer altı sularını kirletmişlerdir. DDT bazı kuşların bölgesel olarak yok olmasına neden olmuştur. Pestisitlerin ikinci dereceden zararları da olmuş; normalde doğal düşmanı ile bir arada yaşarken zararı bastırılan bir tür doğal düşmanı pestisit etkisiyle ortadan kalktığında zararlı konuma geçmiştir [1].

1950'den beri pestisit kullanımı 12 kat artmış, buna bağlı olarak da ilaca dayanıklı tür sayısı 1960'da 50 civarında iken 1990'da 490'a ulaşmıştır [1]. Böcekler dayanıklılık kazandıkça çiftçi dozajı artırmış, ilacı değiştirmiş yada çeşitli ilaçları birleştirmiştir. Tüm bunlar uygulandığında hala zararlının kontrol altına alınamaması artık kimyasal mücadelenin bittiğini, biyolojik mücadeleye dönülmesi gerektiğini göstermiştir [7]. Biyolojik mücadele; insanlar açısından zararlı sayılan bir organizmayla bunun düşmanı olan başka bir canlıdan faydalanmak suretiyle yapılan savaş olarak tanımlanabilir. Diğer bir ifadeyle biyolojik mücadele zararlıların tabiattaki düşmanlarının yani predatör ve parazitoit gibi sekonder zararlıların insanlar tarafından bu zararlılara karşı kullanılmasıdır [4] .

Bu terim ilk defa ABD'den H. S. Smith tarafından 1919 yılında kullanılmıştır. Fakat Eski Mısırlıların (5000 yıl kadar önce) farelere karşı kedileri kullanmaları biyolojik savaşımın başlangıcı olarak kabul edilebilir. Çin'de 1000 yıl kadar önce karıncaların avcı böcek olarak kullanıldığı bilinmektedir. Biyolojik savaşımda başarılı olabilmek için zararlı türe, onun düşmanlarına ve her ikisinin birbirleriyle ve çevrelerine olan ilişkilerine ait biyolojik ve ekolojik bilgilere sahip olmak gerekir [8].

Avrupa'da predatör böceklerle yapılan zararlı böcek kontrolüne ait ilk yazılı eser 1752 yılında Charles Linne tarafından yapılmıştır. Linne 'Her böceğin bir düşmanı vardır' demiştir. 1800'lü yıllarda doğa bilimci Dr. Erasmus Darwin ve çeşitli Amerika'lı entomologlar gelin böceklerinin (Coccinellidae) seralardaki afidlere karşı kullanılmasını önermişlerdir. Predatörlerin aksine böcek parazitlerini anlamak zor olmuştur. 1602 yılında kelebek larvalarından çıkan parazitler yanlış anlaşılmış, metamorfozun bir parçası olarak yorumlanmıştır. Bu konuda doğru yorumları yapan ilk kişi İngiliz fizikçi Martin Lister'dir. 1685 yılında ichneumonide larvalarının dişiler tarafından kelebek larvalarına konan yumurtalardan çıktıgı tespit edilmiştir. 1700 yılında Antony Leevvenhook, *Aphidius* türlerinin afitleri parazitlediğini keşfetmiştir. Daha sonraki yıllarda pek çok yöntemler uygulanmış ve diğer parazitler biyologlar tarafından tanımlanmıştır. 19. yüzyılda parazitlerin taksonomisi, biyolojisi ve ekolojisi hakkında pek çok çalışma yapılmıştır [1].

Biyolojik kontrolün uygulandığı en yaygın organizma grubu böceklerdir. Dünya genelinde 543'ü aşkın böcek türüne karşı 1200'den fazla biyolojik kontrol programı uygulanmıştır ve çoğunun amacı doğal düşmanların korunması ve yetiştirilmesi programlarına dayanır. Hedef türlerin en önemlilerini Homoptera, Diptera, Hymenoptera, Coleoptera ve Lepidoptera takımları oluşturur [9].

Lepidoptera takımından önemli bir tür olan un güvesi *Ephestia kuehniella*'nın erginleri dumanlı gri renkte ve 10-14 mm boyunda olup, ön kanatları üzerinde enine zikzak bantlar bulunmaktadır, arka kanatları sarımsı beyaz renkte, geniş ve uçları saçaklıdır ve kanat açıklığı 16-25 mm'dir. Yumurtalar oval ve beyaz renklidir. Larvalar krem renkte ve kıllarla kaplı, kıl diplerinde kahve renkte pigment halkaları bulunmakta ve olgun larvalar 10-19 mm boyunda, pupalar ise sarımsı kahve renkte ve 9 mm boyundadır.

Un güvesinin larvaları birinci derecede un ve mamullerinde, ikinci derecede tahıllarda zarar yapmaktadır. Bu türün larvaları ördükleri ağlar ile unlarda topaklanmalara neden olmakta, beslenmeleri sonucu gıda maddelerini kirletmekte, kızışma sonucu bozulma ve kokuşmaların ortaya çıkmasına sebep olmaktadır [10]. *E. kuehniella* pek çok üründe zarar meydana getirmektedir. Un, incir, kuru üzüm, makarna, mısır, şehriye, yulaf, irmik, bisküvi, buğday, pirinç, kepek, erik kurusu, şeftali kurusu, ay çiçeği, pestil, ceviz içi, fındık ve iç badem üzerinde belirlenmiştir [11].

Dişiler çiftleştikten sonra yumurtalarını un, tahıl taneleri ile diğer gıda maddeleri, depo veya değirmenlerdeki çatlak veya delikler ile makine aksamına yapıştırmaktadır. Bir dişi yaşamı boyunca 100-600 adet yumurta bırakmakta ve yumurtalar 4-6 gün içinde açılmaktadır. Yumurtalar çıkan larvalar ilk devrelerde kendine undan veya diğer gıda parçacıklarından yapılmış bir kılıf yaparak bunun içerisinde beslenmektedir. Larva beş deri değiştirmekte, olgun larva gıda ortamını terk ederek depolardaki yarık, çatlak ve girinti gibi yerlerde kokon örerek pupa olmaktadır. Böcek, gelişme süresini normal şartlarda 8-9 haftada tamamlamakta ve yılda 3-4 döl vermektedir. Erginler bir iki hafta kadar yaşamaktadır [10].

Zararlı kontrolünde biyolojik mücadele, müstakil olarak yapılan çeşitli mücadele yöntemlerine nazaran doğal dengenin tesisine yardımcı olması, ileriye dönük uzun vadede de olsa kalıcı sonuçlar vermesi ve nihai hedefe ulaştırabilmesi bakımlarından en çok tercih edilmesi gereken mücadele şeklidir. Bu hususta hemen bütün ilim adamları ve uygulayıcılar görüş birliğine varmış durumdadırlar. Buna karşılık biyolojik mücadelenin avantajları yanında birtakım dezavantajları da vardır [4].

Biyolojik mücadelenin avantajları:

-Yan ve art etkilerinin (insan, hayvan, bitki ve faydalı organizmalarda zarar) olmayışı,

-En az masrafla en iyi sonucun alınabilmesi (Biyolojik mücadelenin kuruluş masrafları türün bölgeye yerleşip popülâsyonu arttığı için ileri yıllarda tolere edilebilmekte pestisitlerin ise maliyeti ve aplikasyon giderleri her yıl devam etmektedir.),

-Devamlı etkisini idame özelliği (Biyolojik mücadelenin ilk tesisten sonra yok denecek kadar az bir masrafla kendi kendini devam ettirebilme özelliği vardır.)

-Zararlılarda dayanıklılık ve bağışıklığa yol açmaması (Kimyasal mücadelede zararlılar kimyasal bileşiklere direnç geliştirerek bağışıklık kazanırlar ve faydalı türler ise ilaçlara mağlup olurlar, faydalı türler yok olurken zararlı türler hayatta kalmayı başarırlar.)

-Sekonder zararlı türlerin ekonomik zararlı hale gelme riskinin olmayışı

-Konukçuyu direkt olarak öldürmekten başka üreme gücünü azaltma gelişimde dengesizlikler yaratma parazitoit- predatör ve abiyotik faktörlere karşı zararlının direncini kırma veya hassasiyet oluşturma gibi dolaylı faydalar

Biyolojik mücadelenin dezavantajları:
-Esaslı bilgi istemesi; Biyolojik mücadelede başarı için iyi bir biyoloji ve ekoloji bilgisi şarttır.
-Başlangıçta risk taşıması; Mekanik ve kimyasal mücadelede böyle bir risk yoktur.
-Neticenin geç alınması; Başarı diğerlerine göre daha geç elde edilir, uygulayıcıyı sabırlı olmaya zorlar.

Biyolojik mücadelede yaralanılabilecek organizma grupları çok çeşitlidir. Bu gruplar arasında bakteri, mantar, nematod ve kuşlar mevcuttur. Fakat biyolojik mücadelede fiilen kullanılan canlı etkenler arasında böceklerin ayrı bir yeri ve önemi olup en fazla böceklerden faydalanılmaktadır [4].

Biyolojik savaşımda etmen olarak kullanılan böcekler 3 gruba ayrılmaktadır [8].
1- Asalak (Parazit): Sürekli konukçuya ihtiyaç duyar, konukçuyu öldürmez, gelişmelerini tamamlamak için çoğu kez bir konukçu yeterlidir.
2- Parazitoit: Belirli bir evrede konukçuya ihtiyaç duyarlar ve konukçuyu öldürürler.
3- Predatör: Avlarına bağımlı değildirler pek çok avla beslenirler.
Biyolojik kontrol programlarında dişi parazitoitler erkeklerden daha değerlidir çünkü sadece dişiler parazitleme sayesinde zararlı sayısını direk olarak azaltma yeteneğindedirler [12].

Ülkemizde böcek takımları içinde en fazla parazitoit böcek türü, *Hymenoptera* takımında bulunur [4]. *Braconidae* ve *Trichogrammatidae* önemli familyalardır [13]. Braconidler biyolojik mücadelede, özellikle çeşitli Lepidopter, Dipter, Coleopter ve aphidlere karşı yaygın olarak kullanılır [13]. *Braconidae* familyası mensupları 2-15 mm büyüklüğünde; vücut madeni renkli ve tıknaz yapılıdır. Gözler çıplak ocelli 3 parçalıdır. *Ichnemonidae*' den farklı olarak 3. ve 4. abdomen segmentleri kaynaşmıştır. Pek çok tür kısmen veya tamamen tüylüdür, hatta bileşik gözleri tüylü olanlar da vardır. Dişi erginler larvaların içine çok sayıda yumurta koyarlar. Yumurta bırakırken çok defa konukçuyu kalıcı olacak şekilde felç eder yada öldürürler. Ölü bir konukçuda dahi birbirini izleyen iki parazit dölün geliştiği gözlenmiştir. Yumurtadan çıkan larvalar konukçunun iç dokularında beslenirler konukçunun dışında ona yapışık veya ayrı vaziyette pupa olurlar. Kışı larva pupa veya ergin olarak geçirirler. Bazıları senede bir döl bazıları birkaç döl verir [4].

Familya'nın bir üyesi olan *Bracon*, Lepidoptera larvalarının ektoparasitoitidir. *Bracon hebetor* hızlı ve kısa zamanda gelişimini tamamladığı için oldukça önemli bir doğal düşmandır ve depo zararlılarının mücadelesinde başarıyla kullanılmaktadır [13]. Kınkanatlı, kelebek ve zarkanatlıların larva parazitoitidir. Ön kanatlarındaki damarlanmanın büyük ölçüde körelmiş olmasıyla diğer zarkanatlılardan ayrılırlar [14].

Trichogrammatidae familyasının bütün üyeleri böcek yumurtası parazitoitidir [13]. Renkleri açık sarımsı yada kahverengimsi olup türlerin büyük çoğunluğu ancak 1 mm kadardır. Tombul vücutları kısa antenleri geniş kanatları ve bir dizi kılları ile hemen tanınırlar. Dişi her konukçu yumurtasına tek bir yumurta bırakır. Yaygın ve kozmopolit bir familya olup Lepidoptera, Coleoptera ve Hemiptera, Neuroptera ve Diptera yumurtalarının parazitoitleri olarak tanınırlar [4].

Trichogramma türleri biyolojik kontrolde kullanılan doğal düşman grupları içinde en yaygın kullanılanlardır. Çünkü kültüre alınmaları nispeten kolaydır ve yumurta parazitoiti olduklarından konukçuları daha ürünlerde zarar oluşturmadan öldürürler [15]. Ayrıca *Trichogrammatidae* yumurta parazitleyen tek familyadır. Ergin bir *Trichogramma* dişisi uygun konukçu yumurtası ile karşılaştığında antenleri ile yumurtayı inceler, dişi ovipositörü ile koriyon zarını delmek suretiyle konukçu yumurtasının büyüklüğüne bağlı olarak bir yada daha çok yumurta bırakır [16]. *Trichogrammatidae* familyasına ait yumurta parazitoitleri, çok sayıda arı salınması yoluyla özellikle Lepidoptera zararlılarının biyolojik kontrolü çalışmalarında kullanılmaktadır [13].

Biyolojik mücadelenin başarısında, salınan doğal düşman sayısı yanında; ergin çıkışı, ömür uzunluğu, yumurta verimi ve araştırma kapasitesi gibi biyolojik özellikler de etkilidir [17]. Doğal düşmanların biyolojik performanslarının arttırılmasında en önemli husus, erginlerin beslenmelerini sağlayabilmektedir [4]. Darwin zamanından beri besinin gelecek döllerin fazla çoğalmasını sağlayan veya önleyen bir etken olduğu kabul edilmektedir [8]. Besin sağlanması direk olarak doğurganlığın artışına sebep olmasa da, ömür uzunluğunu artırmak (konukçu ile karşılaşma süresini genişletmek) suretiyle indirek olarak da parazitizmin artmasını sağlamaktadır [18].

Böcekler genel olarak bitkilerle (Tek bitki türü, birbirine yakın bitki türleri yada farklı bitki türleri, bitkilerin çiçek, nektar, yaprak, meyve vs. kısımları ile) beslenmektedir. Yapılan çeşitli çalışmalarda beslenmenin böceklerde yumurta sayısı, gelişme süresi, ağırlık ve ölüm oranı üzerinde etkili olduğu görülmüştür. Ayrıca bazı böceklerde beslenmeye bağlı olarak renk ve büyüklüğün de değiştiği bilinmektedir. Dipter ve Lepidopter larvaları ile yapılan "aç bırakma" alıştırmalarında daha fazla erkek birey elde edilmiş, dişilerin açlığa daha az dayanıklı oldukları görülmüştür. Larva döneminde yeterince besin alamayan dişilerin ovipozitörlerinin kısa olduğu, Diptera, Lepidoptera ve Hymenoptera takımlarına bağlı türlerle yapılan çalışmalarda ortaya konmuştur. Bu durum direk olarak biyotik potansiyelin düşmesine sebep olmaktadır. Böceklerde cinsel organ gelişimi 'olgunlaşma yemesi' adı verilen ergin beslenmesinden sonra tamamlanmaktadır [19].

Besinin çeşidi de böceklerin gelişme süresi, gelişmesini tamamlayan birey sayısı ve iriliği bakımından etkilidir. Kansu'nun verdiği bilgiye göre *C. capitata*'nın değişik meyveler üzerinde yetiştirilmesi sonucu gerek çeşidin gerekse olgunluk derecesinin gelişme süresi üzerinde olan etkisi ortaya konulmuş; olgun limonda gelişme 19-20 günde, yeşil (ham) şeftalide 10-15 günde ve olgun şeftalide 6-10 günde tamamlanmıştır. Çeşitli meyveler üzerinde yetiştirilmiş aynı sinek larvalarından elde edilen pupalarda ölüm oranı % olarak; portakalda 33, altıntopta 29, incirde 18, elmada 14, muzda 5 olmuştur. Besinin böceklerin çoğalma gücüne olan etkisini de vurgulayan Kansu; *Aonidiella aurantii* (Maskell)'nin (Hom.) dişi başına yavru sayısının yapraktakilerde 6, meyve üzerindekilerde ise 9 olduğunu, uygun besinin daha iri pupa ve ergin oluşumunu sağladığını bildirmiştir [8].

Erginleri zoofaj olmayan doğal düşman türlerinde, yaşama ve üreme için ortamda erginin ihtiyacı olan gıdanın bulunması şarttır [4]. Pek çok doğal düşman enerji kaynağı olarak karbonhidratlara ve üreme ve gelişme için proteinlere ihtiyaç duyar. Doğada karbonhidratlar av yada konukçuların sıvılarından, homopter salgılarından, bitki nektarlarından, meyvelerden herhangi bir etkiyle sızan şekerli sudan ve şekerce zengin diğer bitki materyallerinden sağlanabilir. Unlu bitler, koşniller ve yaprak bitleri gibi tatlımsı madde salgılayan zararlıların doğal düşmanlarının fazla sayıda oluşunun bir sebebi de salgılanan bu tatlımsı madde ile doğal düşman erginlerinin beslenmesidir. Yabani çiçekler, ürünlerdeki yabani otlar, bitki örtüsü, sınır bitkileri doğal düşmanlar için diğer potansiyel karbonhidrat kaynaklarıdır. Çoğu ergin doğal düşman, üreme periyodunda protein kaynağı olarak da hidrolize proteinlere, mayaya yada polene ihtiyaç duyar [4, 5].

Doğal düşman erginlerinin varlıklarını sürdürebilmeleri ve üreme güçlerinin yüksek olması için, bu protein ve karbonhidrat kaynaklarının suni yolla sağlanarak elverişli beslenme ortamının hazırlanması gerekir. Ortamda bol çiçek açan; bol nektar, balözü ve polen taşıyan bitkilerin muhafaza edilmesi ve hatta kritik mevsimlerde faydalı böcek erginlerinin beslenmesi için kültürlere şekerli su pülverize edilmesi gibi uygulamalar düşünülebilir. Mesela ABD'de, yaz aylarında, yaprak bitlerinin ve bazı lepidopter yumurtalarının predatörü olan *Chrysoperla carnea* (Steph.) (Neu., Chrysopidae) erginlerinin beslenmesi için, pamuk tarlalarına sade şekerli su pulverize edilir. Balözü ve polence zengin bitkilerin, *Syrphidae* (Diptera) türleri ile birçok hymenopter erginlerinin beslenmelerini ve üreme güçlerini artırdığı bilinmektedir [4].

Doğal düşman erginlerinin beslenecekleri bu gibi maddelerin bulunmaması halinde faydalı popülasyonu iyi gelişemeyeceği için yeterince etkili olamaz [4]. Örneğin

Colorado patates kurdu (*Leptinotarsa decemlineata)*'nın yumurta parazitoiti, ürün yetiştirme peryodunun ilk yarısında patatesler üzerine afitler salınmazsa beklenen etkiyi gösteremez. İhtiyaç duyulan kaynağın şeker formunda yada melas spreyi şeklinde suni olarak uygulanması faydalı sonuç verir [5].

Böceklerde larvaların gelişmesi ve ergin ömür uzunluğunun korunması için en kullanılabilir karbonhidratlar, genellikle bitki ve hayvan dokularında doğal olarak bulunan, birer monosakkarit olan; glikoz ile fruktoz ve bir disakkarit olan; sakkarozdur [20]. Wäckers tarafından yapılan bir çalışmada larva parazitoiti *Cotesia glomerata*'nın ömür uzunluğuna etkisini belirlemek amacıyla 14 çeşit şeker (monosakkaritlerden; glikoz, fruktoz, galaktoz, manoz, rhamnoz, disakkaritlerden; sakkaroz, trehalose, maltoz, meligiose, laktoz, trisakkaritlerden; rafinoz, melezitoz, erloz, tetrasakkaritlerden; staçioz) test edilmiş ve arıların yaşam uzunluğunun çok yaygın üç nektar şekeri olan glikoz, fruktoz ve sakkaroz sağlandığında diğerlerinden fazla olduğu ayrıca su sağlanan arıların ömür uzunluğunun 15-16 katını bulduğu belirtilmiştir [21]. Diğer bir çalışmada parazit arıların mide şekerleri analiz edildiğinde önemli derecede yüksek fruktoz miktarı içerdiği görülmüş, böcek vücudunda doğal olarak bulunmayan bu şekerin arılar tarafından karabuğday ve soya fasulyesi çiçeklerinden toplandığı belirtilmiştir [22].

Türlere ait bireylerin beslenmesinde rutin olarak kullanılan bal; bitki nektarlarının, bitkilerin canlı kısımlarının salgılarının veya bitkilerin canlı kısımları üzerinde yaşayan bitki emici böceklerin salgılarının bal arısı *Apis mellifera* tarafından toplandıktan sonra kendine özgü maddelerle birleştirerek değişikliğe uğrattığı, su içeriğini düşürdüğü ve petekte depolayarak olgunlaştırdığı doğal ürün olarak tanımlanır. Balın sakkaroz içeriği çiçek balında en çok % 5, salgı balında en çok % 10'dur. Glikoz+ fruktoz (invert şeker) oranı çiçek balında en az % 60, salgı balında en az % 45'tir [23].

Türlere ait bireylerin beslenmesinde kullanılan melas daha ileri kristalizasyon aşamaları ile şeker eldesi yapılamayacak olan kristalizasyonun son aşamasındaki şuruptur. Melas % 26 su, % 74-77 kuru maddeden oluşur. Kuru maddenin % 47-48'i toplam şekeri, % 30'u şeker olmayan maddeleri ve diğer kısmı gelişimi artırıcı-inhibe edici maddeleri içerir. Pancar melasının önemli karbonhidrat içeriği % 75 kuru madde üzerinden % 48 sakkaroz, % 0.4 glikoz, % 0.6 fruktozdur. Fruktoz ve glikoz toplamının bazı ürünlerde % 3'e çıktığı görülebilir ve bu durum depolama boyunca invertaz enzimi içeren osmotolerant mayaların kontaminasyonuyla yada kristalizasyon boyunca şuruptaki pH değerinin yüksek olmasıyla açıklanır [24].

Toplam azot içeren madde kompozisyonu % 8-12, ham protein % 7-12, betain % 3-4, glutamik asit % 2-3, amino asitler % 2-3, amino asit şeker kompozisyonu % 0.5-1.5' tir. Melasın içerdiği 12 çeşit amino asit içinde, g/ kg olarak; glutamik asit 7.48, aspartik asit 2.11, glisin 1.47 ve alanin 1.10 oranlarıyla en çok bulunan amino asitlerdir [24].

Fermantasyon için şeker kamışı melasından çok pancar melası tercih edilir. Çünkü pancar melasındaki bütün mono ve oligosakkaritler mayalar tarafından fermente edilebilir, ayrıca az miktarda da olsa kestoz ve galaktoz içeren rafinoz ve galaktinol bulunur ve bu maddeler pancar melası için kalite faktörlerini oluşturur [25]. Melasın şeker ve protein içeriğinin fazla olması, fermantasyonla invert şeker miktarının artırılabilir olması ve bala göre çok ucuz maliyetle (yaklaşık 1/100 oranında) temin edilebilmesi biyolojik mücadele etmeni böceklerin beslenmesinde kullanılabileceği düşüncesini akla getirmiştir.

Melasın bala oranla sakkaroz oranının yüksek olması ve glikoz-fruktoz invert şekerlerinin yok denecek kadar az olması nedeniyle, melastan invert şeker eldesi yolları araştırılmıştır. Melastan invert şeker şurubu eldesi serbest asitlerle (sülfirik asit ve hidroklorik asit gibi mineral asitlerle yada sitrik, malik, asetik asit gibi organik asitlerle) veya enzimlerle (bakteri, maya, küf, ve yüksek bitkilerde bulunan invertaz, sukraz, α-glucosidaz, β-fruktosidaz, β-fruktofuranosidaz gibi enzimlerle) yapılabilmektedir. Homojen asit katalizliği ile invert şeker şurubu eldesi; su banyosu içinde sakkaroz solüsyonu (melas) eritilip, asit eklenerek ve solüsyon 40-70ºC'de istenilen inversiyon seviyesine ulaşılana kadar karıştırılmak suretiyle bekletilerek gerçekleştirilebilmektedir. Bu işlemde yüksek sıcaklık ve asit konsantrasyonun; ürünün rengini bozması ve D-fruktozun değişimi ile hydroxymethylfurfural (HMF) ve difructose anhydrides gibi maddeler oluşturması gibi yan etkileri olabilmektedir. Enzim ile invert şeker şurubu eldesi ise; 55ºC su banyosunda, ph 5.5'e ayarlanarak ve invertaz enzimi eklenerek yapılabilmektedir. Endüstride invertaz enzimi *Saccharomyces cerevisiae*, *Saccharomyces uvarum* ve *Candida utilis*'ten elde edilmektedir [25].

İnvertaz enzimi, E 1103 kodu ile tanımlanmış bir gıda katkı maddesidir ve kristal şekeri (sakkarozu-sukrozu) fruktoz ve glikoz sıvı şekerlerine çevirir. Bu reaksiyon esnasında 1 mol su kullanılarak, 1'er mol fruktoz ve glikoz elde edilir.

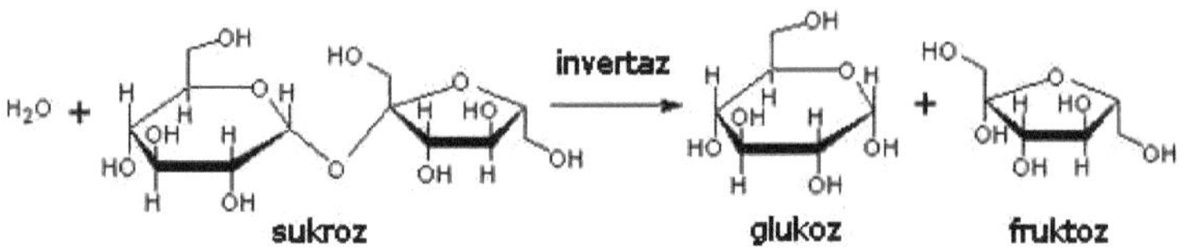

Şekil 2.1. Sakkarozun invertaz enzimi ile glikoz ve fruktoza parçalanması [26].

Asit inversiyonu ile karşılaştırıldığında, invertaz enzimi ile inversiyon daha sağlıklı bir proses olarak görülmektedir. İnvertaz enzimi ile inversiyon ile hem daha saf ve istenmeyen yan ürünler içermeyen bir son ürün elde edilmektedir, hem de Browning ya da Maillard reaksiyonu riski sıfıra indirilmektedir. İnvertaz enzimleri genel olarak 10°C ile 75°C arasında aktif olarak çalışmaktadır ve en verimli çalışma sıcaklığı 65°C'dir. 90°C'nin üzerinde ise bu enzim aktivitesini kaybetmektedir. Aynı şekilde, pH=3.0-5.5 arasında aktif olarak çalışmaktadır ve en verimli çalışma pH'ı 4.5'dir.

İnversiyon işlemi, optimum sıcaklık ve pH değerleri sağlandığında, ortalama 8 ile 16 saat arasında gerçekleşir. Başlangıç noktası olarak, 200.000 SU/gr aktivitesine sahip bir invertazdan, %70'lik şeker şurubu için tona 100-250 gr arasında invertaz önerilebilir [26].

Türlere ait bireylere verilen çekirdeksiz kuru üzüm; *Vitis vinifera* L. türüne giren çekirdeksiz taze üzümlerin (sultani veya yuvarlak çekirdeksiz) tekniğine uygun olarak güneşte kurutulmuş, ağartılmış veya ağartılmamış şeklidir [27].

Türlere ait bireylere verilen pekmez; fermente olmamış taze veya kuru üzüm ekstraktının uygun yöntemlerle asitliğini azaltıp durultulmasından sonra tekniğine uygun olarak vakum altında yada açıkta koyulaştırılması ile elde edilen kıvamlı üründür. Sakkaroz oranı en çok % 1, fruktoz / glikoz oranı 0,9-1,1'dir. HMF oranı ise en çok (mg/kg) 75'dir [28].

Sakkaroz bir glikoz ve bir fruktoz molekülünün birleşmesiyle meydana gelen disakkariti, glikoz ise nişastanın tamamlanmamış hidrolizi sonucunda elde edilen mamulü ifade etmektedir [29].

Türlere ait bireylere balla karıştırılarak verilen ve gelişme için gerekli pek çok besin ihtiyacını karşılayan yumurta sarısı emüsyonu *Trichogramma* türleri için çeşitli suni diyetlerde kullanılmıştır. Yumurta sarısı emüsyonunun protein içeriği sadece % 16 olmasına rağmen 18 çeşit amino asit bulundurmakta ve ayrıca lipit ve kolesterol içermektedir. Yumurta sarısının böcek hücre dizisiyle birlikte değerlendirildiği bir suni diyette iki komponentin eliminasyonunun *T. pretiosum* 'un erken ölümüne neden olduğu görülmüştür. Ayrıca yumurta sarısı ve hücre dizisi olmayan diyetler en düşük larva-pupa gelişimi verirken, yumurta sarısı ve hücre dizisi içeren diyetlerde en yüksek larva-pupa ve pupa-ergin gelişmesi görülmüş, yumurta sarısı ve hücre dizisi içermeyen diyetlerde ise ergin çıkışı olmamıştır [30].

Türlere ait bireylere çiçekler vasıtasıyla verilecek nektar; şeker içeren bir sıvı olup böceklerle yada kuşlarla tozlaşan bitkilerde bulunur. Balın hammaddesi olarak bilinen nektar, çeşitli oranlarda çözünmüş şeker içerir. Nektarda rastlanan şekerler; sakkaroz ve onun diğer türleri olan glikoz ve fruktozdur. Ülkemizde kocayemiş, kolza, süpürge çalısı, kestane, devedikeni, peygamber çiçeği, engerekotu, sığırkuyruğu, funda, okaliptüs, tırfıl, ayçiçeği, yerelması, aklar otu, limon, mandalina, elma, yenidünya, havuç, yonca, karahindiba, korunga, söğüt gibi nektar bakımından zengin ve bal üretim potansiyeli dominant olan doğal yada kültüre alınmış pek çok bitki yetişmektedir [31].

3. BÖLÜM
KAYNAK TARAMASI

Biyolojik mücadele etmeni böceklerin yetiştirilmesinde; salıverme, parazitoit seçimi, konukçu seçimi, sıcaklık etkisi, suni diyette yetiştirme ve uygulanan çeşitli besin maddeleri ile beslenmeleri üzerine pek çok çalışma yapılmıştır. Bunlardan bazıları aşağıda sunulmuştur:

Cross ve ark. [32] tarafından, Flanders (1929)'e atfen verilen bilgiye göre; *Trichogramma* için ilk kitlesel üretim 1926 yılında *Sitotroga cereallella* yumurtaları kullanılarak gerçekleştirilmiştir. Strain ve Parra [33] *E. kuehniella, P. interpunctella* ve *S. cerealella* yumurtalarını *Trichogramma* yetiştirilmesi amacıyla karşılaştırmışlar ve parazitoitin gelişiminin en erken *E. kuehniella* yumurtalarında tamamladığını ayrıca en çok ergin çıkışının da bu konukçuda olduğunu belirtmişlerdir.

Benzer bir çalışma *Habrobracon hebetor* (Hymenoptera: Braconidae) için de yapılmış ve *Anagasta kuehniella* ve *Plodia interpunctella* (Lepidoptera: Pyralidae) üzerinde yetiştirilen parazitoitin üreme performansı değerlendirilmiştir. *A. kuehniella* ve *P. interpunctella* üzerinde sırasıyla toplam gelişme süresi 12.85±1.21 ve 13.16±1.43 gün, ergin çıkışı 80.0 ve 71.4, cinsiyet oranı (dişi/toplam) 0.46 ve 0.44 olarak bulunmuştur. [34]. *B. hebetor* için iki konukçu türünün kıyaslandığı diğer bir çalışmada konukçu türünün parazitoitin ömür uzunluğu üzerine etkisi araştırılmış, konukçular olarak *Galleria mellonella* ve *E. kuehniella* kullanılmıştır. *G. mellonella* üzerinde yetiştirilen parazitlerin *E. kuehniella* üzerinde yetiştirilen parazitoilerden daha uzun süre yaşadıkları belirtilmiştir [35].

2000 yılında yayınlanan diğer bir çalışmada Kuzey Amerika'da meyve bahçeleri ve ormanların biyolojik kontrolünde kullanılan yakın akraba iki *Trichogramma* türünün, çok sayıda yetiştirici ve araştırıcı tarafından kullanılmasına karşın, ayrımlarının moleküler yada morfolojik olarak yapılamadığı, doğal alanlarının farklılığı esas alınarak yapıldığı görülmüş; deneysel incelemenin daha doğru bir yaklaşım olacağı düşünülerek çalışılmış, farklılıklarının ancak çaprazlamalarda dişi yavru bulunmaması ile belirlenebileceği açıklanmıştır. Yapılan çalışma sonuçları dişilerin türler arası çaprazlamada döllendiğini yani spermleri kullandığını, ama döllenmiş yumurtaların öldüğünü göstermiştir [36].

Saour [37] tarafından konukçu yaşı, parazitoit yaşı ve farklı sıcaklıkların ortalama parazitlenmiş yumurta sayısı ve yüzde yavru çıkışına etkisinin belirlendiği çalışmada test edilen *Trichogramma* türleri arasında *Phthorimaea operculella* yumurtaları için türler arası farklılık olmadığı bulunmuştur. Konukçu yaşının parazitlemeye etkisi denemelerinde <12, 24, 48 ve 72 saatlik yumurtalar kullanılmış ve <12 yumurtalar her üç türde de en fazla parazitlenmiş, yaş ilerledikçe parazitlenme oranı azalmıştır. Parazitoit yaşının parazitlemeye etkisinin incelendiği denemelerde; 0-12, 24, 48 saatlik parazitoitlerin parazitlemesi arasında önemli farklılık görülmezken, 72 saatlik arılarda parazitleme önemli derecede azalmıştır. Sıcaklığın incelendiği denemelerde; sıcaklığın parazitlenmiş yumurtalardan ergin çıkışını önemli derecede azalttığı, parazitleme ve ergin çıkışı için 24, 30, 33°C'nin 18 ve 36°C'ye göre daha verimli olduğu görülmüştür. Parazitoit ve konukçu yaşının parazitlemeye etkisinin araştırıldığı benzer bir çalışmada Ayvaz [38], parazitleme için orta yaşlı (24, 54, 78, 90 saatlik) parazitoitlerin en uygun olduğunu ve parazitlerin yaşlı konukçuları (72 ve 96 saatlik) daha az tercih ettiğini belirtmiştir.

Avustralya'da yapılan diğer bir çalışmada üretim tesisleri ve gıda imalathanelerinde önemli zararlılar olan *E. kuehniella* ve *E. cautella*'ya karşı *T. brassicae, T. pretiosum, T. carverae'nın* uygunlukları değerlendirilmiş, döl verimi, ömür uzunluğu, yürüme hızı, konukçu reaksiyon derecesi, konukçu bulma kapasitesi, konukçu kabulü ve konukçu uygunluğu parametreleri incelenmiştir. *T. pretiosum* ve *T. carverae* döl verimi hariç bütün denemelerde *T. brassicae*'dan daha iyi performans göstermişlerdir. *T. pretiosum*'un konukçu kabulü ve doğurganlığı, *T. carverae*'nin ise konukçu bulma kabiliyeti çok iyi olmuştur [39].

Cross ve ark. [32] tarafından Hassan (1992)'a atfen verilen bilgiye göre; 1988-1990 yılları arasında Almanya'daki meyve bahçelerinde *A. orana* ve *C. pomonella*'a kontrolünde *Trichogramma* kullanımını optimize etmek için arazi çalışmaları yürütülmüş ve *T. dendrolimi ve T. embryophagum*'un birlikte salıverme *T. dendroliminin* tek başına salıverme ile karşılaştırıldığında biyolojik mücadelenin %10 arttığı görülmüştür.

Trichogramma türlerinin zararlıları baskılamadaki başarısının gösterildiği diğer bir salıverme çalışmasında *P. operculella*'ya karşı üç *Trichogramma* türünün etkisini belirlemek amacıyla steril patates ve patates fideleri üzerine *P. operculella* salıverilmiş, salıvermeden 2 gün sonra her bir kafese 15'er dişi arı salınarak ve 98 saat bir arada tutulup uzaklaştırılarak ürünlerdeki F_1 çıkışı belirlenmiştir. *Trichogramma* salıvermenin ergin çıkışını önemli derecede azalttığı görülmüş, parazitoit salıverilmeyen patateslerde ergin çıkışı 312.2 iken; *T. cacoeciae, T. evanescens* ve *T. principium* salıverilenlerde sırasıyla 201.2, 211.8 ve 192.4 olmuş, fidelerde ise arı salıverilmeyen ergin çıkışı 69.3 iken; *T. cacoeciae, T. evanescens ve T. principium* salıverilenlerde sırasıyla 43.1, 49.3 ve 42.8 olduğu görülmüştür [37].

Hegazi ve ark. [40] üç *Trichogramma* türünün (*T. evanescens, T. cacoecia* ve *T. dendrolimi*) beslenme davranışlarını ve bunun parazitlemeye etkisini araştırmışlar; bunlardan *T. evanescens* dişilerinin önce besine yöneldiğini, *T. dendrolimi* dişilerinin önce konukçu yumurtasına yöneldiğini, *T. cacoecia* dişilerinin ise her ikisini eşit olarak tercih ettiğini belirtmişlerdir.

Parazitoitlerin beslenmesi üzerine yapılan çalışmaların çoğunda balın önemi üzerinde durulmuştur. Williams ve Roane 'nin [41], Jones ve Jackson (1990)'a atfen verdikleri bilgide *A. iole*'nin gıda yokluğunda 3 günden az, gıda olarak bal sağlandığında ise 10 günden fazla yaşadığını belirtmişlerdir. Stavraki [42] *Trichogramma*'yı bal ile beslediğinde ortalama ömür uzunluğunun 5 gün ve ortalama parazitleme miktarının

28 olduğunu; 3 kısım bal ve bir kısım maya ile beslediğinde ömür uzunluğunun 6-7 güne ve yumurta veriminin 46.42'ye yükseldiğini kaydetmiştir. Besin olarak su kullanıldığında ömür uzunluğunun 2.5 gün, parazitleme miktarının 10.6 olduğunu ayrıca besin olmadığı zaman yumurtadan çıkan erginlerin kanatlarının kısa olduğunu ifade etmiştir. Hohman ve ark. [43] *T. platneri*'nin bal ile beslenmeyen dişilerinin 2 gün, bal ile beslenenlerin ise 8 gün yaşadıklarını belirtmişlerdir. Beslenmeyen arıların konakçı yumurtasından aldıkları besinin yetersiz kaldığını bu yüzden parazitoitlerin salınım programlarının olumsuz etkilediğini kaydetmişlerdir. Abbas [44] *T. busei* dişilerinin bal ile beslendiğinde 12.1 gün yaşadığını belirtmiştir.

Balın ömür uzunluğunu artırmasına karşın parazitlemeyi geciktirdiğine dair yapılan bir çalışmada ise; *T. principium* erginlerinde karbonhidratın konukçu kabulü ve yumurta alıkoymaya olumsuz etkisi üzerinde durulmuştur. Deneyde dişiler iki gruba ayrılmış; birinci gruba konukçu yumurtası ve bal, ikinci gruba ise sadece konukçu yumurtası verilmiş, dişilerin yumurtlama yüzdesi ve 2 gün boyunca bıraktıkları ortalama yumurta sayısının bal varlığında azaldığı belirlenmiştir. Beslenen ve beslenmeyen dişilerin iki gün boyunca bıraktıkları yumurta sayıları arasındaki fark dört deneyin ikisinde önemli olmuş, bu fark beslenen dişilerin yumurtalarının hepsini bırakmadığını, yumurtlamayı ertelediklerini göstermiştir. Dördüncü deney sonrasında *Trichogramma* dişilerinin ovaryumlarında kalan olgun ovariyal yumurta sayısı diseksiyonla belirlenmiş, beslenen dişilerin beslenmeyenlerden daha çok konukçu yumurtası reddettiği görülmüştür [45].

Trichogramma türlerinin ömür uzunluğu ile ilgili Gurr ve Nicol [46] tarafından yapılan diğer bir çalışmada, *T. carverae*'nin besinsiz bırakıldığında 7 gün içinde öldüğü, konukçu varlığında besin olarak bal sunulduğunda ise ömür uzunluğunun 11 güne çıktığını belirtilmiştir. Lundren ve Heimpel [47] üç farklı *Trichogramma* türü üzerinde beslenmenin ömür uzunluğuna etkisini değerlendirmişler, bal varlığının ömür uzunluğunu artırdığını göstermişlerdir. Bal sağlanan *T. pretiosum, T. minutum* ve *T. brassicae*'da ortalama ömür uzunluğu sırasıyla 7.16, 6.71 ve 4.02 gün, bal verilmeyenlerde ise sırasıyla 2.68, 2.42 ve 1.96 gün olarak bulunmuştur.

Ayvaz [38] yaptığı çalışmada balın farklı sunumlarının parazitoitin ömür uzunluğu ve parazitleme kapasitesi üzerine etkisini araştırmış; % 95'lik bal ve % 5 yumurta sıvısı, % 50'lik bal ve % 100'lük bal kullanarak ve bir grubu da besinsiz bırakarak ömür uzunluğu ve parazitleme denemeleri kurmuştur. Toplam parazitleme kapasitesi bakımından gruplar arasında önemli bir fark görülmemiştir. Ömür uzunluğu sonuçlarında ise parazitoitler, % 50'lik bal ile; 15.4 ± 3.33 gün, % 100'lük bal ile; 15.2 ± 2.52 gün ve % 95 bal+ % 5 yumurta sıvısı karışımı ile; 12.9 ± 2.99 gün yaşamışlardır.

Williams ve Roane [41], *Anaphes iole*'i bir kez beslenmek suretiyle, sıcaklık ve gıda kaynağının arıların ömür uzunluğuna etkilerini belirlemeye çalışmışlardır. Uzun süreli biyolojik denemeler, ömür uzunluğunun 20°C'de, 27°C'den daha fazla olduğunu ve her iki sıcaklıkta da arılara üç büyük nektar şekeri olan; sakkaroz, glikoz ve fruktoz sağlandığında ömür uzunluğunun test edilen diğer şekerlerden (Rhamnose, melezitose, thehalose, eliminade, maltose) daha fazla olduğunu göstermiştir.

B. hebetor'un ömür uzunluğu üzerine besin çeşidinin etkisinin araştırıldığı bir çalışmada besin olarak konukçu larvası, % 50'lik bal çözeltisi, konukçu larvası+bal çözeltisi kullanılmış, her üç besin tipinde de dişilerin erkeklerden daha uzun süre yaşadığı gözlemlenmiştir. Çalışmada ayrıca bal çözeltisi sunulduğunda her iki eşeyde de ömür uzunluğunun belirgin olarak arttığı, balın *B. hebetor* erginlerinin laboratuar koşullarında uzun süre yaşatılmasında önemli bir besin tipi olduğu vurgulanmış, kitlesel üretim çalışmalarında konukçu larvası ve bal çözeltisinin birlikte verilmesi gerektiği; böylece bal çözeltisi ile ömür uzunluğunun, konukçu larvası ile ise yumurta üretimi ve üreme faaliyetlerinin devam ettirilebileceği belirtilmiştir [35].

Dabbaloğlu [11], parazitoitin parazitlediği konukçusunun paraliz olmasını beklemektense hazır bulunan gıdayı tercih ettiğini belirtmiş, çalışmasında 20 dişi parazitoitten sadece üç tanesinin konukçuya diğer 17 dişi bireyin öncelikli olarak karbonhidrat kaynağına yöneldiğini ifade etmiştir. Çalışmada ayrıca Kılınçer (1976)'e atfen verilen bilgiye göre dişi parazitoitlerin konukçu paraliz olduktan sonra beslendikleri, konukçunun parazitoitin sokuşundan kısa bir süre içinde meydana gelmesi durumunda parazitoitin beslenebildiği, paraliz olma süresinin uzaması durumunda yara koagülazla kapanacağından parazitoitin buradan beslenemeyeceği bildirilmiştir.

Parazitoitlerin beslenmesinde farklı çiçeklerin ve polenlerin etkilerine yönelik çalışmalar da yapılmıştır. Wellinga ve Wysoki [48], *Trichogramma platneri* türünü avokado bitkisinin iki varyetesine (*Persea americana* var. *ettinger* ve *fuerte*) ait anterli -antersiz çiçeklerle ve anterlerle, *Oxalis coruna*, *Mercurialis* ve *Euphorbia* çiçekleri ile besleyerek dişi ve erkek ömür uzunluklarını belirlemişlerdir. Ömür uzunluğu avokado ile en fazla olurken yabani çiçekler ve anterlerle 24 saatten az olmuştur. Bununla birlikte arıların ömür uzunluğunun desteklenmesinde iki avokado varyetesi de önemli olmamıştır. Arılara *Euphorbia* ve *Mercurialis* çiçekleri sağlandığında besinsiz bırakılanlar gibi bütün arılar 24 saat içinde ölmüştür. Benzer olarak *Oxalis* çiçekleri sağlandığı zaman da çoğu birinci günde ölmüştür. *Ettinger* varyetesine ait tüm ve antersiz çiçeklerle; erkekler sırasıyla 1.04±0.21, 2.11±0.61 ve dişiler sırasıyla 1.21 ± 1.01, 2.61 ± 1.19 gün, *Feurte* varyetesine ait tüm ve antersiz çiçeklerle; erkekler sırasıyla 2.55 ± 2.16, 1.79 ± 0.41 ve dişiler sırasıyla 3.06 ± 1.91, 2.02 ± 0.67 gün yaşamışlardır. *Fuerte* varyetesinde bütün çiçeklerde ömür uzunluğu artarken, *Ettinger* varyetesinde anterleri ayrılan çiçeklerde ömür uzunluğu daha fazla olmuştur.

Baggen ve Gurr [49] patates güvesi *Phthorimaea operculella* ve yumurta parasitoiti *Copidosoma koehleri* üzerinde çeşitli gıdaların ömür uzunluğu ve çoğalmaya etkilerini incelemişlerdir. *C. koehleri* konukçu yokluğunda; dereotu, hodan ve kişniş çiçekleri ile beslendiğinde ömür uzunluğunda önemli artış olduğu belirlenmiştir. Kişniş çiçeklerinin *C. koehleri*'nin ömür uzunluğu artmasıyla birlikte, parazitoitin herbivor konukçusu *P. operculella*'nın ömür uzunluğu ve doğurganlığını da artırdığı görülmüştür. Çalışmada ayrıca gıda olarak kullanılan bitkilerin uzaklıklarının (1-20 m) konukçu güve ve parazitoit üzerindeki etkileri de gözlemlenmiş ve patates ürünlerinde bu çiçekler ürünlere 20 metre mesafede yerleştirildiğinde yüksek parazitleme oranı elde edilmiştir.

Begum ve ark. [50] yaptıkları çalışmada çiçek tür ve renklerinin *Trichogramma carverea*'nın biyolojik özellikleri üzerine etkilerini incelemişler; denemelerde beyaz, açık pembe, koyu pembe ve mor çiçekler kullanarak gözlemler yapmışlardır. Yumurta parazitoiti *T. carverae* erginlerinin beslenmesinde kuduz otu çiçekleri kullanılmış ve % 5'lik gıda boyası (mavi ve pembe) solüsyonuna bitki kökleri yerleştirilerek beyaz çiçekler boyanmıştır. Doğal beyaz çiçeklerde *T. carverae*'nın ömür uzunluğu ve çiçeklere hareketi boyanan çiçeklerden daha fazla olmuştur.

Zhang ve ark. [51], *Trichogramma brassicae* ile yaptıkları çalışmada mısır poleninin ömür uzunluğuna etkisini araştırmışlardır. *T. brassicae* dişilerinin konukçu yumurtası olmaması durumunda besin olarak; mısır polenli su ile 4.97 gün, su ile 2.67 gün, bal ile 8.37 gün, mısır poleni ve bal karışımı ile 8.23 gün yaşadıkları gözlenmiştir. Aynı çalışma konukçu yumurtası varlığında tekrarlandığında; mısır polenli su ile 4.9 gün, su ile 2.6 gün, bal ile 12.33 gün, mısır poleni ve bal karışımı ile 12.17 gün yaşadıkları gözlenmiştir. Ayrıca döl veriminin mısır polenli su ile % 82.53, su ile % 61.70, bal ile % 95.70, mısır poleni ve bal karışımı ile ise % 99.97 olduğu görülmüştür.

Kuzey Karolina'da yapılan bir habitat çalışmasında farklı karbonhidrat kaynaklarının yumurta parazitoiti *Trichogramma exiguum*'un ömür uzunluğu, döl verimi ve cinsiyet oranına, ayrıca larva parazitoiti *Cotesia congregata*'nın ömür uzunluğuna etkileri incelenmiştir. *T. exiguum*'un döl verimi, dişi bireye ömür uzunluğu boyunca yumurta sunularak belirlenmiştir. Gıda olarak rezene ve karabuğday çiçekleri, kontrol olarak ise bal ve su kullanılmıştır. *T. exiguum* 'da en fazla ömür uzunluğu bal ile sağlanmış, döl verimi bal ve karabuğday çiçekleri sağlandığında en fazla olmuş, dişi yavru üretimi ise en fazla su ile olmuştur. Dişilere sağlanan su ile karşılaştırıldığında rezene ömür uzunluğunu 4.3 kat artırmıştır. *C. congregata*'nın ömür uzunluğu ise en fazla karabuğday çiçekleri sağlandığında olmuştur. Karabuğday çiçekleri sağlandığında ömür uzunluğu baldan 2.6 kat fazla olmuştur. Rezene ve bal arasında önemli fark olmamıştır. *T. exiguum* ve *C. congregata*'da en kısa ömür uzunluğu (sırasıyla 0.8 ve 0.6 gün) su sağlandığı zaman görülmüştür. Karabuğday çiçeklerinin ise her iki parazitoitin ömür uzunluğunu, suya göre yaklaşık 8,5 kat artırdığı belirtilmiştir. Çalışmada dişi yavru üretiminin en fazla su ile olması; King (1987)'e atfen sadece çiftleşen dişilerin dişi yavru verdikleri göz önüne alınarak dişi parazitoitlerin çiftleşmeden sonra kısa süre içinde spermleri kullanma eğiliminde oldukları ve kullanılabilir spermlerin miktarının ömür uzunluğu boyunca döllenmeye yetmeyeceği vurgulanarak açıklanmıştır [12].

Irvin ve ark. [52] çalışmalarında besinsel katkıların *Homolodisca vitripnnis* (Hemiptera: Cicadellidae) mücadelesinde kullanılan üç *Gonatocerus* türü dişi ve erkeklerinin ömür uzunluğu üzerine etkileri araştırılmıştır. Deneylerde sadece su, 3:1 bal-su solüsyonu, beş farklı bitkiye ait çiçek ve çiçek dışı nektarlar *Coccus hesperidum* ve *H.vitripennis*'e ait salgılar, limon yaprakları ve ticari bir gıda katkısı olan Eliminade kullanılmıştır. Her bir gıda kaynağının şeker kompozisyonu HPLC kullanılarak belirlenmiş; analizlerde *Gonatocerus* türleri için yüksek oranda glikoz (% 44) ve fruktoz (% 53) oranına sahip olan gıda kaynaklarının en faydalı olduğu, sakarozun ise parasitoitlerin yaşam uzunluğu için önemli olmayabileceğini görülmüştür. Glikoz-fruktoz oranı yüksek (sırasıyla 769.7– 913.6) olan balla türlerin (*G. ashmeadi, G. triguttatus* ve *G. fasciatus*) dişileri sırasıyla 46.5 gün, 17.2 gün, 24.8 gün yaşarken; sakkaroz oranı fazla (167.8 Mm/ 10 mg) olan Eliminade ile türler sırasıyla 9.8 gün, 5.8 gün ve 4.7 gün yaşamışlardır. Limon ve *P. tanacetifolia* çiçeklerinin glikoz ve fruktoz içeriği yeterli olmasına rağmen *Gonatocerus* türleri için faydalı olamamış, bu durum nektar erişimini önleyen çiçek morfolojisiyle ilişkilendirilmiştir. Su ile beslendiğinde *G. ashmeadi, G. triguttatus* ve *G. fasciatus* türlerinin dişileri sırasıyla; 2.5 gün, 1.3 gün ve 1.7 gün yaşamışlardır.

Doğal konukçu, böcek hemolimfi yada pupal dokular olmaksızın uygun suni diyetlerin geliştirilmesi amacıyla da çalışmalar yapılmıştır. Dabbaloğlu'nun [11], Magro ve Parra (2003)'ya atfen verdiği bilgiye göre; *B. hebetor* doğal konukçu olarak *Anagasta kuehniella* üzerinde ve suni konukçu olarak ise pupal doku, fetal inek serumu, laktoalbumin hidrolizat ve yumurta akından oluşan suni diyet üzerinde yetiştirilerek ömür uzunluğu ve parazitleme kapasiteleri karşılaştırılmıştır. Her iki ortamda yetiştirilen dişi bireylerin ömür uzunlukları ve doğal konukçuyu parazitleme durumları arasında önemli farklılık bulunmamıştır.

Heslin ve ark. [30] *T. pretisum*'un yetiştirilmesinde *Helicoverpa zea* (Boddie) (Lepidoptera: Noctuidae)' nin yumurtalıklarıyla bağlantılı dokularından alınan böcek hücreleri kullanarak kontrol diyet (% 25 yumurta sarısı, % 30; hücre dizisi, % 20; Grace medium, % 10; % 7'lik maya ekstraktı % 15; % 10'luk süt tozu ve koruyucu olarak % 0.2 Gentamycin antibiyotik) hazırlamış ve toplam hacim sabit kalmak şartıyla komponentleri sırayla tek olarak diyetten uzaklaştırarak, etkilerini belirlemişlerdir. Bunun haricinde üç maya solüsyonu (maya ekstraktı, enzimatik maya hidrolizat, maya eksraktı solüsyonu ve enzimatik maya hidrolizatın eşit hacimde karışımı), üç süt solüsyonu (süt tozu, malt toz, bebek maması) kıyaslanmıştır. Yumurta sarısı ve hücre dizisi olmayan diyetlerde en düşük larva-pupa gelişimi olmuş ve ergin çıkışı olmamıştır. Üç süt solüsyonunun *T. pretiosum* gelişmesinde önemli derecede farklılığı olmamış, maya ekstraktı kullanıldığında ergin evrede ömür uzunluğu önemli derecede yükselmiştir.

Magro ve ark. [53], *B. hebetor*'u doğal konukçu olarak *A. kuehniella* Zeller (Lepidoptera: Pyralidae)'de, suni konukçu olarak özel diyet (*Diatraea saccharalis* (F.) (Lepidoptera: Pyralidae) pupal dokuları % 40, yumurta sarısı % 20, az yağlı süt % 20, distile su % 10 ve Neinhemer's tuzu % 10- antibiyotik- antimikotik solüsyon içeren) üzerinde yetiştirerek biyolojilerini değerlendirmişlerdir. Gelişim evresi, gelişme süresi, gıda emilim miktarı ve histokimyasal testlerle parazitoitin sindirim sistemindeki protein ve lipitler belirlenmiştir. Her iki diyette de *B.hebetor*'un üç gelişim evresine sahip olduğu, ama suni diyette larval ve pupal gelişiminin uzamasından dolayı gelişme süresinin arttığı belirlenmiştir. Toplam siklus konukçuda 11.0±0.82 gün iken, diyette 13.3±0.22 gün olmuştur. Vücut ağırlığındaki artış konukçu üzerinde yetiştirilen böceklerde, diyette yetiştirilenlerden daha hızlı olmuştur. Larval gelişimde doğal konukçuda çok az (2.7 µl) gıda emilimine ihtiyaç duyulurken, suni diyet üzerinde yetiştirilen larvalarda bu miktar 3.8 µl'e çıkmıştır.

4. BÖLÜM
MATERYAL ve METOT

4.1. Parazitoit Besinlerinin Seçimi ve Hazırlanması

4.1.1. Melas

Melasta toplam bakteri, maya ve ozmofilik maya, pH, toplam şeker, sakkaroz, invert şeker (Glikoz+ fruktoz), protein ve HMF analizleri yapıldı. Melastaki sakkarozun, asitle (derişik hidroklorik asit ve % 20'lik Sitrik asit), enzimle (invertaz enzimi) ve invertaz enzimi içeren ekmek mayası (*Saccharomyces cerevisiae*) fermantasyonu ile hidrolizi gerçekleştirildi. Hidroliz ürünlerindeki invert şeker oranları Line-Eynon Metodu ile belirlendi, uygun görülenler parazitoitlere verildi. HCL ayarlaması ile hidroliz edilen melaslar şeker miktarının artırılması amacıyla kaynar su banyosunda 2 saat tutularak konsantre edildi. Ayrıca hidroliz ürünlerinde sıcaklık etkisiyle oluşabilecek HMF miktarındaki değişim kontrol edildi.

Şekil 4.1. Parazitoitlerin beslenmesinde kullanılan melas.

Toplam Mezofilik Aerobik Bakteri Sayımı

Melastaki toplam mezofilik aerobik bakteri sayısı dökme yöntemiyle çalışıldı. 10 g. numune tartılıp, 90 ml. MRD (Maximum Recovery Dilüsyon) ile homojenize edildi, homojenizattan seri dilüsyonlar hazırlandıktan sonra Plate Count Agar (Merck) besiyeri kullanılarak ekim yapıldı. Petriler 35±1°C' de 48 saat inkübe edildi, süre sonunda oluşan koloniler sayılıp dilüsyon faktörü dikkate alınarak hesaplandı [54].

Maya Sayımı

Melastaki maya analizi yüzeye yayma yöntemiyle çalışıldı. Dichloran Rose Bengal Chloramphenicol besi yeri kullanılarak seri dilüsyonlardan ekim yapıldı, petriler 25±1°C' de 5 gün inkübe edildikten sonra değerlendirildi [55].

Osmofilik Maya Sayımı

Melastaki osmofilik maya analizi yüzeye yayma yöntemiyle çalışıldı. Word Agar besi yeri kullanılarak seri dilüsyonlardan ekim yapıldı, petriler 25±1°C' de 5 gün inkübe edildikten sonra değerlendirildi [56].

Toplam Şeker ve Sakkaroz

2 g melas tartılarak yaklaşık 20 ml damıtık su ile çözüldü, 250 ml'lik ölçülü balona aktarıldı. Üzerine 1'er ml Carrez I ve Carrez II çözeltileri eklenip balon damıtık su ile 250 ml'ye tamamlanarak, iyice çalkalandı. Süzüldükten sonra 50 ml alınarak 100 ml'lik bir ölçülü balona kondu, bu çözelti üzerine, 5 ml derişik HCL eklendi. Karışım, 65–67°C'ye ayarlanmış su banyosunda 15 dakika bekletilerek hidroliz işlemi gerçekleştirildi, süre sonunda karışım hızla soğutuldu. 4–5 damla fenolftalein indikatör çözeltisi damlatılıp, hafif pembe renk elde edilinceye kadar 5 N sodyum hidroksit çözeltisi ile titre edildi. Hafif pembe renkli çözeltinin hacmi 20°C'de damıtık su ile 100 ml'ye tamamlanarak, analiz çözeltisi olarak kullanıldı.

<u>Sınama Titrasyonu</u>

150 ml'lik bir erlene 5 ml Fehling A çözeltisi, 5 ml Fehling B çözeltisi, 10 ml damıtık su ve 10 ml analiz çözeltisi eklenip karıştırıldı, ısıtma tablası üzerinde manyetik karıştırıcı ile karıştırılarak 2 dakika kaynatıldı. Süre sonunda karışım indikatör olarak

4–5 damla metilen mavisi çözeltisi damlatılarak renk maviden kiremit kırmızısına dönünceye kadar titre edildi. Sınama titrasyonunda harcanan toplam şeker çözeltisi hacmi, başta eklenen 10 ml ile sonradan eklenen hacmin toplamı ile elde edildi (V_S).

Nihai Titrasyon

Sınama titrasyonunda baştan alınan 10 ml toplam şeker çözeltisi hacmi yerine, sınama titrasyonunda harcanan toplam analiz çözeltisi miktarından (V_s) 1–2 ml eksiği alınarak aynı titrasyon bir defa daha tekrarlandı. Bu titrasyonda harcanan analiz çözeltisi miktarı (V_N) kaydedildi. Numunenin kütlece % olarak toplam şeker miktarı, aşağıdaki formül yardımıyla hesaplandı:

$$\% \text{ Toplam Şeker} = \frac{250}{m \times V_N} \text{ x } \frac{100}{50} \text{ x } \frac{F}{1000} \text{ x } 100 = \frac{50 \text{ x } F}{m \text{ x } V_N}$$

F : Fehling çözeltilerinin faktörü

m : Numune ağırlığı, g

V_N : Nihai titrasyonda harcanan analiz çözeltisi hacmi, ml

Melasın kütlece % olarak sakkaroz miktarını bulmak için, yukarda bulunan % toplam şeker miktarı (T.Ş.) ve aşağıda anlatılan yöntemle bulunan % invert şeker miktarı (İ.Ş.) kullanıldı ve aşağıdaki formülden yararlanıldı [57]:

% Sakkaroz = (% T.Ş. − % İ.Ş.) x 0.95

İnvert Şeker

5 g. melas tartılarak yaklaşık 20 ml damıtık su eklenip çözüldü, 250 ml'lik ölçülü balona aktarılarak çalkalandı üzerine 1'er ml Carrez I ve Carrez II çözeltileri ilave edildikten sonra hacim damıtık su ile 250 ml'ye tamamlandı. Süzüldükten sonra 50 ml alınarak su ile 100 ml'ye tamamlanarak analiz çözeltisi olarak kullanıldı. Sınama

titrasyonu ve nihai titrasyon toplam şeker analizinde anlatıldığı şekilde yapılarak (V_S) ve (V_N) değerleri elde edildi. Melastaki invert şeker (indirgen şeker), kütlece % invert şeker cinsinden, aşağıdaki formül ile hesaplandı [57] :

$$\% \text{ İnvert Şeker} = \frac{250}{m \times V_N} \times \frac{100}{50} \times \frac{F}{1000} \times 100 = \frac{50 \times F}{m \times V_N}$$

F : Fehling çözeltilerinin faktörü

m : Numune ağırlığı, g

V_N : Nihai titrasyonda harcanan analiz çözeltisi hacmi, ml.

Protein

Melas numunesinde protein analizi LECO FP 528 Tam Otomatik Azot/Protein Cihazı ile çalışıldı. Yöntem; numunenin yüksek sıcaklıkta (850–950°C), saf oksijenle yakılması sonucu açığa çıkan azotun ısısal öz iletkenlik yardımı ile ölçülmesi ve uygun protein faktörü ile çarpılarak % protein olarak ifade edilmesi prensibine dayandı. Cihaz kalibrasyonu yapıldıktan sonra, darası alındı numune tartım kapsülüne, homojen numuneden 0.2000– 0.2500 mg tartıldı, kapsül pens yardımıyla dikkatlice alındı ve parmaklar kullanılarak damlacık haline getirildi. Damlacık halindeki numune, fırın bölümünün üzerindeki hareketli tablaya konulup start tuşuna basılarak, analiz başlatıldı. Ortalama 3 dakika sonra cihaz ekranından numunedeki azot/protein değeri okundu, iki paralel ölçüm alındıktan sonra aşağıdaki formül yardımıyla melastaki protein değeri hesaplandı [58];

$\%$ Ham Protein (m/m) = $\%$ N x $F_{protein}$

N : Cihazda okunan azot değeri

$F_{protein}$: Örnek cinsine göre protein çevirme faktörü (Melas yem olarak düşünülerek bu değer 6.25 alınmıştır)

HMF (Hidroksi Metil Furfural)

Melas numunesinden 10 g alınarak 100 ml'lik bir ölçülü balona aktarıldı ve 50 ml damıtık su ilave edildikten sonra 2'şer ml Carrez l ve Carrez ll çözeltileri eklenip karıştırıldı. Süzgeç kağıdından süzülerek, süzüntünün ilk 20 ml' si atıldı. 2'şer ml'lik analiz çözeltileri, iki deney tüpüne konularak. (A ve B tüpleri) 5 ml para toluidin reaktifi eklenip çalkalandıktan sonra A tüpüne 1 ml damıtık su, B tüpüne 1 ml barbitürik asit çözeltisi ilave edilip çalkalandı.

550 nm'ye ayarlı spektrofotometrede referans çözelti ile kalibrasyon yapılıp diğer tüpte absorbans ölçümü alındı. Absorbans, barbitürik asit ilavesinden sonraki 3–4 dakikada maksimuma erişip sonra hızla düşeceğinden doğru sonuç almak için, bu süreye titizlik gösterildi. Melas numunelerindeki HMF miktarı aşağıdaki formülle hesaplandı [59] :

$$\text{HMF (mg/kg)} = \frac{M_1 \times V_1}{M_0 \times V_2}$$

M_1: Kalibrasyon eğrisinden yararlanılarak ölçülen absorbansa karşılık gelen HMF kütlesi, µg (CONS)

V_1: Analiz çözeltisinin hacmi, 100 ml

V_2: Tayin için alınan kısmın hacmi, 2 ml

M_0: Analiz numunesi kütlesi, (Başlangıçta alınan 10 g)

Hidroliz İşlemleri

Melasta yapılan hidroliz işlemlerinde öncelikle, enzim ve mayaların en verimli çalışma pH'larının ayarlanması amacıyla; derişik hidroklorik asit ve % 20'lik sitrik asit kullanılarak pH ayarlaması yapıldı. HCl ile ayarlanıp hidroliz edilen melaslar konsantre edilerek invert şeker oranları artırılmaya çalışıldı. Sitrik asit ayarlaması ile yapılan çalışmada konsantre etme işleminden kaçınıldı. Su miktarı azaltılarak, % invert şeker miktarı artırılmaya çalışıldı.

-Maya fermantasyonu

Maya olarak, piyasadan temin edilen yaş ekmek mayası kullanıldı. HCl ile pH ayarlaması yapılırken; iki ayrı beherde 100'er gram melas tartıldı, 100 ml su ile çözündürüldü, pH 4.5'e ayarlandı ve 2.5 g maya bir miktar melas solüsyonu ile ezildikten sonra ilave edilerek karıştırıldı. Karışımlar 30°C'de biri 2 saat ve diğeri 4 saat inkübe edildi. Sitrik asit ile pH ayarlaması yapılırken; iki ayrı beherde 100'er gram melas tartıldı, 20 ml su eklenerek çözündürüldü, pH 4.5'e ayarlandı. Hacim su ile 150 ml'ye tamamlanıp ve 2.5 g yaş maya ilave edilerek karıştırıldı. Solüsyonlar 30°C'de biri 1 saat, diğeri 2 saat inkübe edildi. İnkübasyon sonunda melas solüsyonları süzgeç kâğıdından süzülerek invert şeker analizine alındı.

Şekil 4.2. İnkübatörde maya fermantasyonu ile hidrolize edilen melas.

-Enzim hidrolizi

Enzim olarak piyasadan temin edilen invertaz enzimi kullanıldı. HCl ile pH ayarlaması yapılırken; iki ayrı kapaklı şişe içine 100'er gram melas tartıldı, 100 ml su ile çözündürüldü, pH 4.5'e ayarlandı ve birine 1 g, diğerine 0.1 g invertez enzimi eklendi. Sitrik asit ile pH ayarlaması yapılırken; iki ayrı beherde 100'er gram melas tartıldı, 20 ml su eklenerek sulandırıldı, pH 4.5'e ayarlandı. Hacim su ile 150 ml'ye su ile tamamlanıp, solüsyonlara birine 1 g, diğerine 0.1 g invertaz enzimi ilave edilerek karıştırıldı. Melas solüsyonları 60 °C su banyosunda 8 saat inkübe edildi. Süre sonunda soğutulan solüsyon, süzülerek invert şeker analizine alındı.

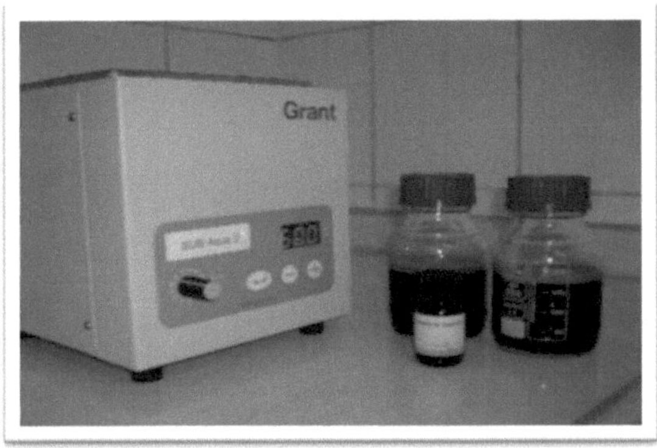

Şekil 4.3. Su banyosunda invertaz enzimi ile hidrolize edilen melas

-Asit hidrolizi

HCl hidrolizi için iki ayrı kapaklı şişe içine 100'er gram melas tartıldı, 100 ml su ile çözündürüldü, 5'er ml derişik HCl eklenerek 60°C su banyosunda biri 20 dk, diğeri 30 dk olacak şekilde arada karıştırılmak suretiyle bekletildi, süre sonunda NaOH ile nötrleştirildi. Sitrik asit hidrolizi için 100 g melas tartıldı, 30 ml. % 20'lik sitrik asit ilave edilip su ile 150 ml'ye tamamlandı, 65°C su banyosunda 1 saat bekletildi, süre sonunda NaOH ile nötrleştirildi. Soğuk su banyosunda soğutulup, süzülerek invert şeker analizine alındı.

Şekil 4.4. Su banyosunda HCl ile hidrolize edilen melas.

Şekil 4.5. İnvert şeker analizi aşamaları;

A; Melasların süzülmesi
B; Analiz çözeltisinin hazırlaması
C; Analiz çözeltisinin süzülmesi
D; Metilen mavisi eklenmesi
E; Titrasyon başlangıcı
F; Titrasyon sonucu

4.1.2. Diğer Karbonhidrat ve Protein Kaynakları

Pekmez: Ev yapımı pekmezde melasta anlatıldığı şekilde mikrobiyolojik (toplam bakteri) ve kimyasal (protein) analizler yapıldıktan sonra parazitoitlere verildi. Pekmez küçük petri kutusu içinde ağzı kapalı olarak ve buzdolabında saklanarak muhafaza edildi.

Glikoz Şurubu %10: Mikrobiyolojik glikoz ve steril su kullanılarak, steril şartlarda %10'luk çözelti hazırlandı, buzdolabında muhafaza edilerek parazitoitlere verildi.

Sakkaroz Şurubu %10: Mikrobiyolojik sakkaroz ve steril su kullanılarak, steril şartlarda %10'luk çözelti hazırlandı, buzdolabında muhafaza edilerek parazitoitlere verildi.

Nemlendirilmiş Kuru Üzüm: Kurutulmuş çekirdeksiz üzüm yaklaşık 0.1 g olacak şekilde kesildi, arılara verilmeden hemen önce olmak koşuluyla, nemlendirilerek arılara verildi. Üzüm ikinci gün tekrar nemlendirildi, üçüncü gün ise yenisiyle değiştirildi. Dişi ve erkek arının bir günde tükettiği üzüm miktarı nemlendirme farkı dikkate alınarak ve sabit ağırlığa gelinceye kadar takip edilerek belirlendi.

Yumurta Sarısı + Bal (1:1): Ticari Egg yolk emüsyon (Merck): bal 1: 1 oranında karıştırılarak ve petri kutusunda ağzı kapalı olacak şekilde buzdolabında muhafaza edilerek parazitoitlere verildi.

Yumurta Sarısı + Bal + Su (1: 2 :1): Ticari Egg yolk Emüsyon (Merck): bal: steril su 1: 2: 1 oranında karıştırılarak ve petri kutusunda ağzı kapalı olacak şekilde buzdolabında muhafaza edilerek parazitoitlere verildi.

Bal ve Su: Çiçek balı küçük petri kutusu içinde 3-5 damla su ile sulandırılarak ve ağzı kapalı olarak oda sıcaklığında muhafaza edilerek parazitoitlere verildi. Su olarak musluk suyu kullanıldı.

4.1.3. Besin Olarak Verilen Çiçekler

Nektarlı bitkiler arasından, günlük olarak toplanıp parazitoitlere verilmesi gerektiğinden, kampüs içerisinde ve çevresinde bulunan çiçekler tercih edildi. Çiçekler sunulmadan önce beyaz kağıt üzerine ters olarak dizilip içlerinde bulunabilecek böceklerden arındırıldı.

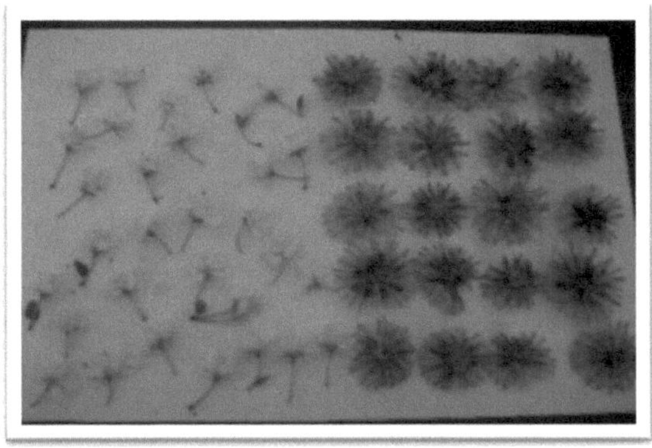

Şekil 4.6. Erik ve karahindiba çiçekleri.

Erik çiçekleri: *Rosaceae* Famiyası'ndan olan erik çiçekleri Mart-Nisan döneminde çiçeklenir. Polen üretim potansiyeli sekonder, bal üretim potansiyeli minordur [31]. Çiçeklerle ömür uzunluğu denemelerine 18 Nisan 2009'da başlandı, parazitleme denemeleri 29 Nisan 2009'da kuruldu.

Karahindiba (Aslandişi): *Asteraceae* Famiyası'ndan olan karahindiba Nisan-Mayıs döneminde çiçeklenir. Polen ve bal üretim potansiyeli sekonderdir [31]. Çiçeklerle ömür uzunluğu denemelerine 10 Nisan 2009'da başlandı, parazitleme denemeleri 9 Mayıs 2009'da kuruldu.

Köpek papatyası (Sarı papatya): *Asteraceae* Famiyası'ndan olan sarı papatya Mayıs-Eylül döneminde çiçeklenir. Polen üretim potansiyeli ve bal üretim potansiyeli sekonderdir [31]. Çiçeklerle ömür uzunluğu denemelerine 26 Nisan 2009'da başlandı, parazitleme denemeleri 1 Mayıs 2009'da kuruldu.

Ballıbaba: *Lamiaceae* Famiyası'ndan olan ballıbaba Şubat – Kasım döneminde çiçeklenir. Polen üretim potansiyeli minor, bal üretim potansiyeli sekonderdir [31]. Çiçeklerle ömür uzunluğu denemelerine 25 Nisan 2009'da başlandı, parazitleme denemeleri 1 Mayıs 2009' da kuruldu.

Söğüt: *Salicaceae* Famiyası'ndan olan söğüt Nisan-Mayıs döneminde çiçeklenir. Polen ve bal üretim potansiyeli dominanttır. Erkek ve dişi çiçekleri farklı ağaçlarda olup, erkek çiçekten sadece polen, dişi çiçekten ise hem nektar hem de polen toplanabilir [31]. Dişi çiçeklerle ömür uzunluğu denemelerine 29 Nisan 2009'da başlandı, parazitleme denemeleri 1 Mayıs 2009'da kuruldu.

4.2. Konak ve Parazitoitlerin Yetiştirilmesi, Ömür Uzunluğu ve Parazitleme Denemelerinin Kurulması

4.2.1. *Ephestia kuehniella* (Zeller, 1879) (Lepidoptera: Pyralidae)

Sistematikteki yeri:

Takım :Lepidoptera

Familya : Pyralidae

Cins : Ephestia

Tür : *Ephestia kuehniella* Zeller

Sinonim : *Anagasta kuehniella* Zeller

Besin ortamında istenmeyen zararlıların elimine edilmesi için sterilizasyon işlemi gereklidir. Bunun için besiyeri hazırlamada kullanılan un 65 °C'ye ayarlı etüvde 10 saat süreyle bekletildi ve steril edilen besi yeri polietilen torbalarda saklandı. *E. kuehniella* için besi yerinin 1 kg un içerisinde % 5 bira mayası ve 30 gr buğday tohumu ilave edilerek hazırlanması belirtilmekte iken besi yeri modifiye edilerek 2 kısım buğday unu, 1 kısım mısır unu ve 1 kısım kepek karışımı kullanıldı. *E. kuehniella* stok kültürü hazırlanırken sert beyaz küvetler içerisine besin konuldu ve içerisine hassas terazide tartılan 100 mg yumurta homojen olarak karıştırıldı.

Şekil 4.7. *E. kuehniella* kültürleri yetiştirme odası.

Larvaların hava alması ve dışarı kaçmalarının engellenmesi için küvet kapağının ortasında 5 cm. çapında bir daire kesilerek çıkarıldı ve boşluğa gergin tülbent bez yapıştırıldı. Kültür, 27 ± 1 °C ve % 70 ± 5 nispi neme ve 16: 8 (Aydınlık: Karanlık) saatlik ışınlama süresine (fotoperyot) ayarlanan yetiştirme odasında üretildi [38].
T. turkestanica ve *B. hebetor* kültürlerinin devamı için çok miktarda *E. kuehniella* ergini bulunması gerektiğinden gerekli durumlarda 10 lt'lik plastik kovalardan hazırlanan kültür kapları da kullanıldı. Pupalardan çıkan erginler cerrahi aspiratör yardımıyla toplandı.

Şekil 4.8. *E. kuehniella* erginlerinin toplanmasında kullanılan aspiratör.

Bir litrelik plastik kavanozun alt kısmı kesilerek yumurtaların geçebileceği genişlikte tül elek yerleştirildi; kavanozun kapağında ise 5 cm çapında bir daire kesilerek çıkarıldı ve gergin bir tülbent bez yapıştırıldı. Bu şekilde hazırlanan yumurtlatma kapları içerisine aspiratörle toplanan erginler kondu ve yumurtlamaları sağlandı. 24 saat sonra elekten aşağıya dökülen yumurtalar beyaz kâğıda alınıp, kağıtlar arasında aktarılarak böcek pulu ve diğer vücut parçalarından arındırıldı ve petri kaplarına konarak 4 °C'de saklandı.

Şekil 4.9. *E. kuehniella* erginlerinin konulduğu yumurta alma kapları.

Bu yumurtaların bir kısmı *E. kuehniella* kültürünün devamı, diğer bir kısmı ise *T. turkestanica*'nın üretimi için kullanıldı. Yumurtalar 4 °C'de bir aydan fazla bırakılmadı.

4.2.2. *Trichogramma turcestanica* (Meyer, 1940) (Hymenoptera: Trichogrammatidae)

Sistematikteki yeri

Takım : Hymenoptera

Familya : Trichogrammatidae

Cins : *Trichogramma*

Tür : *Trichogramma turkestanica* Meyer

T. turkestanica kültürü Adana Zirai Mücadele Araştırma Enstitüsünden konakçı yumurtası içindeki pupalar halinde laboratuara getirildi. Bu pupalar 24±1°C ve % 70±5 nispi neme ve 16: 8 (Aydınlık: Karanlık) saatlik ışıklanma süresine ayarlanan yetiştirme odasında kültüre alındı. Işıklanma süresi zaman ayarlı flüoresan lambalarla kontrol edildi [38].

Yumurta kartlarının hazırlanması

Konakçı yumurtalarını yapıştırmak için hafif, parlak, beyaz kartlar kullanıldı. Stok kültür hazırlarken 1.5x10 cm ebadında kesildi ve üzerine % 10'luk arap zamkı sürüldü. Yumurtaların zamka batmaması için yapıştırıcı çok az sürüldü ve petri içerisindeki konakçı yumurtaları yumuşak bir fırça yardımıyla kart üzerine serpildi. Yumurtalar arasında parazitoitin girebileceği kadar boşluk bırakılmasına özen gösterildi. Hazırlanan kartlar kurutulduktan ve U.V. lamba ile steril edildikten sonra parazitoite sunuldu. Kurutulan yumurta kartları temiz tüplere alındı ve tüp içerisine ergin parazitoit aktarıldı. Parazitoitin daha çabuk geçmesini sağlamak için stok tüpün etrafı siyah bir boru ile örtülmüşken hedef tüp ışığa tutuldu. Arılar fotopozitif oldukları için konukçu yumurtası bulunan tüplere hareket ettiler. İçerisinde konukçu yumurtası ve parazitoit bulunan tüplerin ağzı ince tülbente sarılan pamukla kapatıldı. Denemelerde kullanılan yumurta kartları ise 1.5x4 cm ebadında kesilerek arap zamkı sürüldü ve konakçı yumurtaları sayılarak kartlara yapıştırıldı.

Şekil 4.10. *T. turkestanica* yumurta kartlarının U.V. lamba ile steril edilmesi.

Besin çeşidinin *T. turcestanica* 'nın döl verimine etkisini belirlemek amacıyla yeni çıkan (< 24 saat) dişiler 16-100 mm'lik tüplere bireysel olarak alınarak, her bir dişiye yaklaşık 50 adet *E. kuehniella* yumurtası U.V. lamba ile 10 dk steril edildikten sonra verildi. Her besin çeşidi için parazitleme denemeleri 8 tekerrürlü olarak kuruldu. Her deneme için ilgili besin maddesi toplu iğne yardımıyla yumurta kartlarının kenarına noktacık şeklinde sürüldü, çiçekler bütün olarak tüpün ağız kısmına yerleştirildi. Parazitoit besin ve yumurtalar ile 24 saat bir arada tutuldu süre sonunda yumuşak bir fırça yardımıyla tüpten uzaklaştırıldı. Parazitlemenin 5. gününde siyahlaşan yumurtalar sayılarak parazitlenmiş yumurta sayısı olarak, 9 ve 10. günlerde çıkan erginler sayılarak dişi ve erkek birey olarak kaydedildi. Erginlerin sayımı ve cinsiyet ayrımı çift yönlü bant kullanılarak yapıldı.

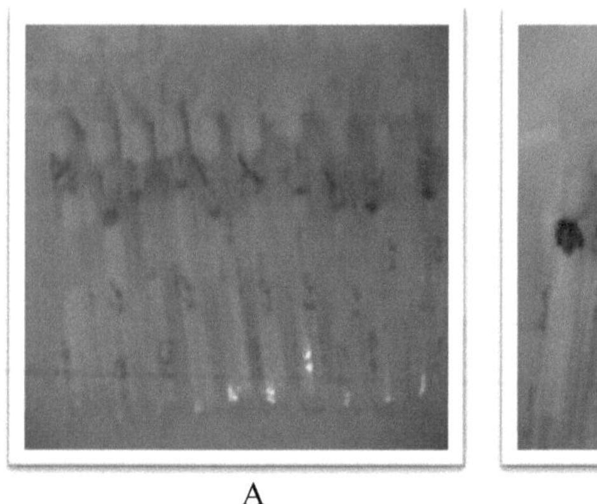

A

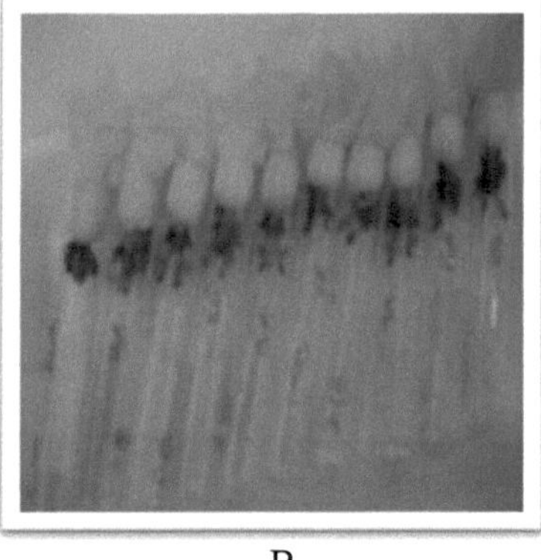

B

Şekil 4.11. *T. turkestanica* parazitleme denemeleri;

A: Köpek papatyası çiçekleri ile

B: Ballıbaba çiçekleri ile.

T. tukestanica dişilerinin ömür uzunluğuna çeşitli besinlerin etkilerinin belirlenmesi amacıyla yeni çıkan (< 24 saat) dişiler 16-100 mm'lik tüplere bireysel olarak alındı. Çiçek verilenler hariç parazitoitlerin kaçmasını engellemek amacıyla tüplerin ağız kısmı siyah bantla sarıldı ve tülbentle kaplanmış pamukla kapatıldı. Her bir tüpe ilgili besin maddesi toplu iğne yardımıyla iki günde bir olmak koşuluyla noktacık halinde verildi. Çiçekler her gün değiştirilmek suretiyle ve bütün olarak tüpün ağız kısmına yerleştirildi. Değişimler sırasında parazitoitler gözle takip edilerek kaçmaları engellendi. Her bir besin çeşidi için denemeler 10 tekerrürlü olarak kuruldu. Denemeler bütün arılar ölünceye kadar sürdürüldü ve günlük olarak gözlemlenip, kaydedildi.

Şekil 4.12. *T. turkestanica* ömür uzunluğu denemelerinin kurulduğu yetiştirme odası.

4.2.3. *Bracon hebetor* (Say, 1836) (Hymenoptera: Braconidae)

Sistematikteki yeri

Takım : Hymenoptera

Familya : Braconidae

Cins : Bracon

Tür : *Bracon hebetor* Say.

Sinonimleri:

Bracon dorsator Say, 1836

Bracon brevicornis Kirby, 1984

Bracon juglandis Ashmead, 1889

Habrobracon hebetor Johnson, 1895

Bracon (Habrobracon) honestor Riley and Howard, 1895

Habrobracon beneficientior Viereck, 1911

Habrobracon brevicornis Cushman, 1914

Habrobracon juglandis Cushman, 1922 [60]

Konakları

Carpocapsa pomonella L. (Lep: Tortricidae)

Ephestia cautella Walk. (Lep: Pyralidae)

Ephestia elutella Hb. (Lep: Pyralidae)

Ephestia kuehniella Zell. (Lep: Pyralidae)

Galleria mellonella L. (Lep:Galleriidae)

Grapholitha molesta Busck (Lep: Torticidae)

Pectinophora gossypiella Saund. (Lep:Gelechiidae)

Plodia interpunctella Hb. (Lep:Pyralidae)

Polychrosis viteana Clem. (Lep: Tortricidae)

Pyrausta nubilalis Hb. (Lep: Pyraustidae)

Sitotroga cerealella Ol. (Lep: Gelechiidae) [60]

B. hebetor'un yetiştirilmesi *E. kuehniella* larvaları üzerinde yapıldı. Bunun için *E. kuehniella* stok kültüründen pupa olmak için yükseğe tırmanma eğilimi gösteren beslenmesi tamamlanmayan olgun larvalar temin edildi. Larva temini amacıyla açılan kültürlerde olgun larvaların az bir kısmı kültürün devamı için ergin olmaya terk edildi, çoğunluğu ise *B. hebetor* kültür için kullanıldı.

B. hebetor kültürünün üretimi için, olgun *E. kuehniella* larvaları, 16-100 mm'lik ağzı tülbent ile sarılan pamukla kapatılan tüplere konuldu ve her tüpe yeni çıkan bir çift ergin arı ve besin olarak bal verildi. Parazit, 48 saat olgun larva ile beraber bırakıldıktan sonra yine içinde olgun larva bulunan başka bir tüpe aktarıldı. Yetiştirme 24±1°C ve % 70±5 nispi neme ve 16: 8 (Aydınlık: Karanlık) saatlik ışıklanma süresine ayarlanan yetiştirme odasında yapıldı. Işıklanma süresi zaman ayarlı flüoresan lambalarla kontrol edildi [61, 62].

Besin çeşidinin *B. hebetor* 'un döl verimine etkisini belirlemek amacıyla yeni çıkan (<24 saat) bir çift ergin arı 16-100 mm'lik tüplere alındı, her bir tüpe olgun *E. kuehniella* larvası ve ilgili besin maddesi verildi. Besinler 0.5 cm.'lik çizgiler halinde verilirken, çiçekler bütün olarak tüpün üst kısmına yerleştirildi. Parazit, 48 saat olgun larva ile beraber bırakıldıktan sonra tüpler ışığa tutulmak suretiyle tüpten uzaklaştırıldı. Her bir besin çeşidi için 8 tekrar yapıldı, 48 saat sonunda tüpteki yumurtalar, parazitlemeden 8 gün sonra pupalar ve 12-13 gün sonra erginler sayılarak kaydedildi.

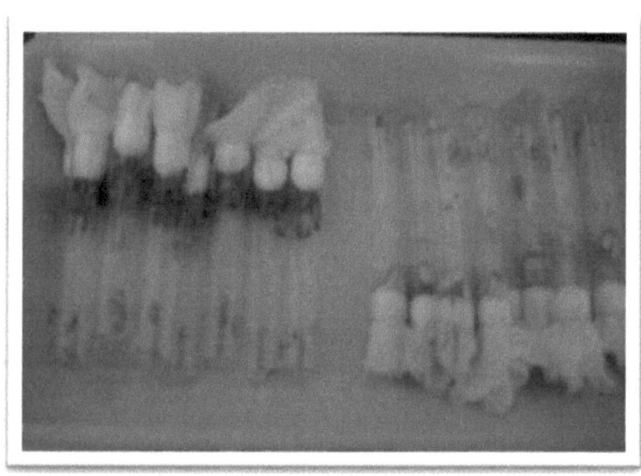

Şekil 4.13. *B.hebetor* ballıbaba ve köpek papatyası çiçekleri ile parazitleme denemeleri.

B. hebetor dişi ve erkeklerinin ömür uzunluğuna çeşitli besinlerin etkilerinin belirlenmesi amacıyla yeni çıkan (< 24 saat) dişiler ve erkekler 16-100 mm'lik tüplere bireysel olarak alındı, her bir tüpe ilgili besin maddesi toplu iğne yardımıyla 0.5 cm'lik çizgiler halinde iki günde bir olmak koşuluyla verildi. Her 20, 40 ve 60. günlerde kuruyan besinlerin tüpleri kirletmesi nedeniyle tüpler değiştirildi. Çiçekler her gün değiştirilmek suretiyle, bütün olarak ve tüpün ağız kısmına yerleştirilerek verildi. Değişimler sırasında parazitoitler gözle takip edilerek kaçmaları engellendi. Her bir besin çeşidi için deneme 10 tekerrürlü olarak yapıldı, denemeler bütün arılar ölünceye kadar sürdürüldü ve günlük olarak gözlemlenip, kaydedildi.

B. hebetor dişi ve erkeklerinin ömür uzunluğuna çeşitli besinlerin etkilerinin belirlenmesi amacıyla yeni çıkan (<24 saat) dişiler ve erkekler 16-100 mm'lik tüplere bireysel olarak alındı, her bir tüpe ilgili besin maddesi bir defa olmak suretiyle ve toplu iğne yardımıyla 0.5 cm'lik karşılıklı iki çizgi halinde verildi. Her bir besin çeşidi için deneme 10 tekerrürlü olarak yapıldı, denemeler bütün arılar ölünceye kadar günlük olarak gözlemlenip, kaydedildi.

Şekil 4.14. *B. hebetor* ömür uzunluğu denemelerinin kurulduğu yetiştirme odası.

5. BÖLÜM
BULGULAR

5.1. Parazitoit Besinlerinin Seçimi ve Hazırlanması

Bu çalışmada yumurta parazitoiti *T. turkestanica* dişilerinin ve larva parazitoiti *B. hebetor* dişi ve erkeklerinin ömür uzunluğu ve parazitleme kapasiteleri üzerine çeşitli besin kaynaklarının etkileri araştırılmıştır. Melasta bakteri ve maya yükü belirlenmiş, ayrıca bazı kimyasal analizler ve hidroliz işlemleri gerçekleştirilmiştir. Pekmezde toplam bakteri ve protein analizleri yapılmıştır. Melasa ait mikrobiyolojik analiz sonuçları Tablo 1'de, kimyasal analiz sonuçları Tablo 2'de, hidroliz işlemleri sonuçları Tablo 3'de, pekmezde yapılan analiz sonuçları ise Tablo 4'de verilmiştir.

Tablo 5.1. Melasta yapılan mikrobiyolojik analizler ve sonuçları:

Analiz adı	Sonuç
Toplam mezofilik aerobik bakteri (kob/g)	$6x10^3$
Maya (kob/g)	20
Ozmofilik maya (kob/g)	220

Tablo 5.2. Melasta yapılan kimyasal analizler ve sonuçları:

Analiz adı	Sonuç
pH	8.5
Toplam Şeker (%)	57
Sakkaroz (%)	57
İnvert Şeker	Tespit edilemedi
Protein (%)	12.13
HMF (mg/ kg)	2.84

Tablo 5.3. Melas ve hidrolize melaslarda invert şeker analizi sonuçları (%):

Melas çeşidi	Analiz sonucu
Melas %100	Tespit edilemedi
HCl ayarlı melaslar	
Enzim 0.1 g hidrolizi	21.27
Enzim 1 g hidrolizi	29.8
Maya 2 saat hidrolizi	28.77
Maya 4 saat hidrolizi	19.48
HCl hidrolizi	Tespit edilemedi
Sitrik asit ayarlı melaslar	
Enzim 0.1 g hidrolizi	17.76
Enzim 1 g hidrolizi	35.06
Maya 1 saat hidrolizi	24.56
Maya 2 saat hidrolizi	27.7
Sitrik asit hidrolizi	Tespit edilemedi

HMF değeri melasta % 2.84 bulunurken, HCl ayarlı melasları temsilen enzim 1 g hidrolizinde % 6.93, maya 2 saat hidrolizinde % 3.6, sitrik asit ayarlı melasları temsilen enzim 1 g hidrolizinde % 5.63, konsantre melasları temsilen HCl ayarlı enzım 1 g hidrolizinin konsantre edilen kısmında % 7.98 olarak bulunmuştur. Konsantre edilerek suyu uçurulan melaslarda beklenen % invert şeker değerleri; enzim 0.1 g hidrolizinde % 29, enzim 1 g hidrolizinde % 40 ve maya 2 saat hidrolizinde % 39 olarak hesaplanmıştır.

Tablo 5.4. Pekmezde yapılan analizler ve sonuçları:

Analiz adı	Sonuç
Toplam mezofilik aerobik bakteri (kob/g)	< 10
Protein (%)	0.88

5.2. Konak ve Parazitoitlerin Yetiştirilmesi, Ömür Uzunluğu ve Parazitleme Denemelerinin Kurulması

5.2.1. *Ephestia kuehniella* Zeller 1879

Konukçu olarak yetiştirilen *E. kuehniella* erginlerinden elde edilen yumurtalar *T. turkestanica*, larvalar *B. hebetor* yetiştirilmesi amacıyla kullanılmıştır.

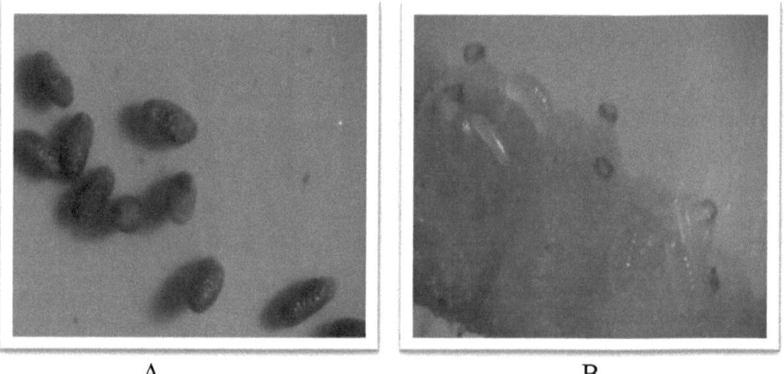

A B

Şekil 5.1. A- *T. turkestanica* tarafından parazitlenmiş *E. kuehniella* yumurtaları, B- *B. hebetor* tarafından parazitlenmiş *E. kuehniella* larvası.

5.2.2. *Trichogramma turcestanica* Meyer 1940

T. turkestanica kültürlerinde günlük olarak ergin çıkışı takip edilmiş çıkan erginler arasından dişi bireyler (Şekil 5.2) seçilerek parazitleme ve ömür uzunluğu denemelerinde kullanılmıştır.

Tablo 5.5. Çeşitli besinlerle beslenen *T.turkestanica* dişilerinde parazitleme sonuçları:

Besin	Parazitleme	Erg. çıkışı	% Erg. çıkışı	Dişi	Erkek	D/E
BAL	13.00 a*	12.50 a	96	9.63 ab	2.88 a	3.34
ERİK	15.50 a	14.88 a	96	9.38 ab	5.50 a	1.70
ÜZÜM	18.50 ab	18.13 abc	98	14.63 bc	3.50 a	4.18
BSİZ	19.50 ab	18.38 ab	94	8.75 a	9.63 a	0.90
PKMZ	22.63 bc	22.25 bcd	98	16.13 bcd	6.13 a	2.63
MLS	23.50 bc	23.13 bcd	98	18.50 cde	4.63 a	3.99
GLKZ	23.88 bc	23.63 bcd	99	18.38 cde	5.25 a	3.50
HClE1G	24.13 bc	23.63 bcd	98	19.88 cde	3.75 a	5.30
SU	24.50 bc	24.13 bcd	98	19.25 cde	4.88 a	3.95
BBAB	25.13 bc	24.75 bcd	98	20.38 cde	4.38 a	4.65
KHİN	25.13 bc	24.13 bcd	96	16.88 cd	7.25 a	2.33
SÖĞÜT	25.63 bc	25.50 cd	99	21.38 cde	4.13 a	5.18
BYS	26.38 bc	25.88 cd	98	22.25 cde	3.63 a	6.13
KPAP	27.63 bc	26.88 d	97	21.63 cde	5.25 a	4.12
SAE1G	27.88 c	27.13 d	97	20.13 cde	7.00 a	2.88
BYSS	29.13 c	28.50 d	98	24.75 de	3.75 a	6.60
SAKK.	30.88 c	30.63 d	99	26.88 e	3.75 a	7.17

*Değerler yanında aynı küçük harflerle gösterilen değerlerin ortalamaları Varyans analizi ve Duncan testine göre %5 oranında istatistiksel olarak önemli değildir.

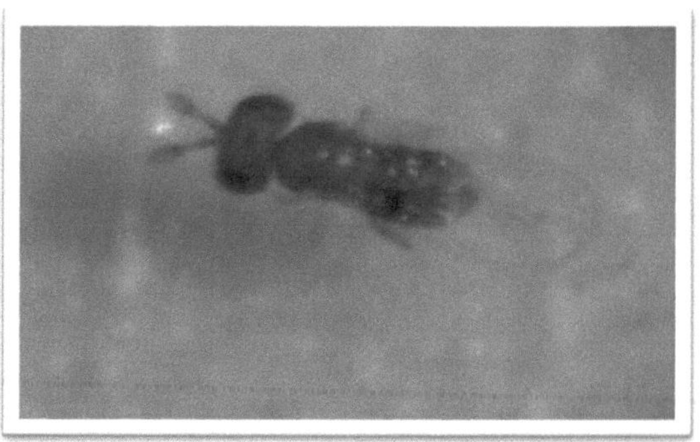

Şekil 5.2. *T. turkestanica*'nın dişi bireyi.

T. turkestanica dişilerinin parazitleme kapasitesi üzerinde besin çeşidinin etkili olduğu görülmüştür. En yüksek parazitleme sakkaroz şurubu, bal-yumurta sarısı-su karışımı ve sitrik asit ayarlı enzim 1 g. hidrolizi melas ile beslenenlerde olurken, en az parazitleme bal, erik çiçekleri ve kuru üzümle beslenenler ile besinsiz bırakılanlarda olmuş, aralarındaki fark istatistiksel olarak önemli bulunmuştur (P<0.05). Köpek papatyası, bal-yumurta sarısı karışımı, söğüt, karahindiba, ballıbaba çiçekleri, su, HCl ayarlı enzim 1 g hidrolizi melas, glikoz şurubu, melas ve pekmezde parazitleme orta düzeyde olmuş ve yüksek parazitleme sağlayan besinlerle aralarındaki fark önemli olmamıştır (P>0.05).

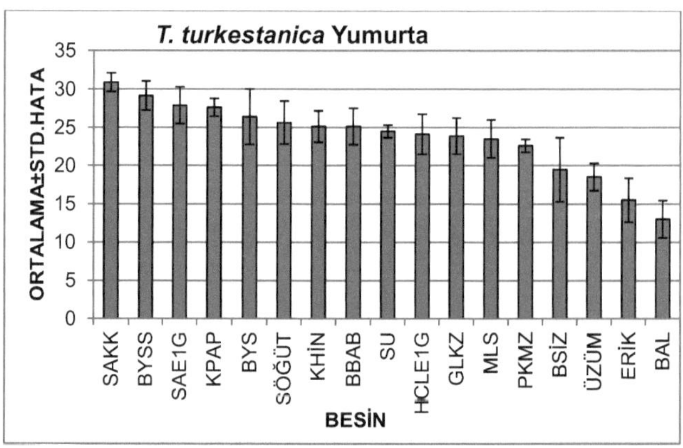

Şekil 5.3. Farklı besinlerin *T. turkestanica* dişilerinin parazitleme kapasitesi üzerine etkisi.

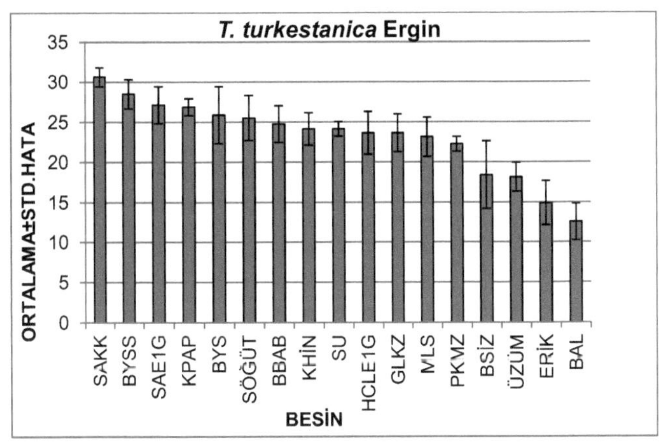

Şekil 5.4. Farklı besinlerin *T. turkestanica* ergin çıkışı üzerine etkisi.

T. turkestanica ergin çıkışı üzerine besin çeşidinin etkisi parazitleme kapasitesine paralel olmuştur. En az ergin çıkışı balla beslenenlerde olurken, en fazla ergin çıkışı sakkaroz şurubu ile beslenenlerde gerçekleşmiş, aralarındaki fark önemli olmuştur ($P<0.05$). Ergin çıkışı %'de olarak ise; besinsiz bırakılanlarda en az (% 94) olurken, sakkaroz ve glikoz şuruplarıyla beslenenlerde en fazla (% 99) olmuştur.

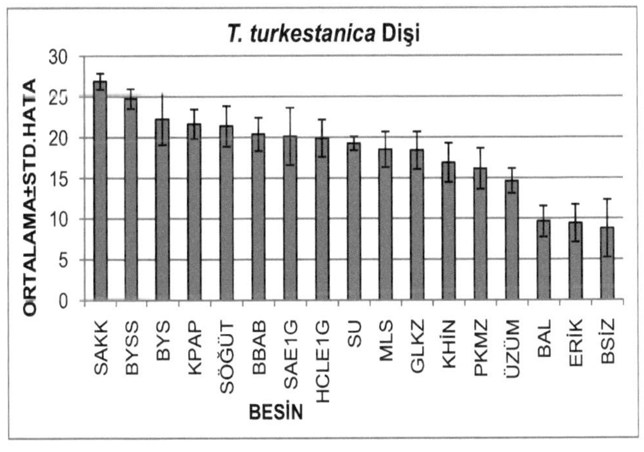

Şekil 5.5. Farklı besinlerin *T. turkestanica* dişi ergin çıkışı üzerine etkisi.

Besin çeşidinin *T. turkestanica* dişi döl verimi üzerine etkisi incelendiğinde, ortalama dişi birey en az besinsiz bırakılanlarda elde edilirken, en fazla sakkaroz şurubu ile beslenenlerde elde edilmiş, aralarındaki fark önemli bulunmuştur ($P<0.05$). Besinsiz bırakılanlar ile bal ve erik çiçekleriyle beslenenler arasındaki fark önemli olmamıştır ($P>0.05$). En fazla dişi birey veriminin alındığı sakkaroz şurubu ile beslenenler ile, bal-yumurta sarısı-su karışımı, bal-yumurta sarısı karışımı, köpek papatyası, söğüt, ballıbaba çiçekleri, sitrik asit ayarlamalı enzim 1 g hidrolizi melas, HCl ayarlamalı enzim 1 g hidrolizi melas, su, melas ve glikoz şurubu ile beslenenler arasındaki fark istatistiksel olarak önemli olmamıştır ($P>0.05$). Dişi/erkek oranı en çok sakkaroz şurubu (7.17), bal-yumurta sarısı-su karışımı (6.60) ve bal-yumurta sarısı karışımı (6.13) ile beslenenlerde, en az besinsiz bırakılanlarda (0.90) olmuştur. Dişi döl verimi %'de olarak ise; en az (% 63) erik çiçekleri ile beslenenlerde olurken, en fazla (% 88) sakkaroz şurubu ve bal-yumurta sarısı karışımı ile beslenenlerde olmuştur.

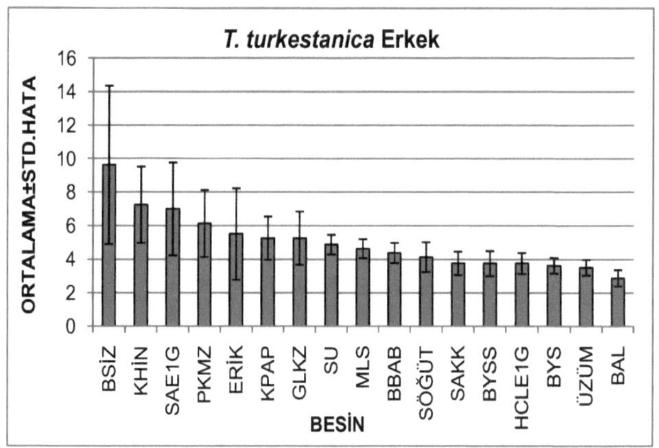

Şekil 5.6. Farklı besinlerin *T. turkestanica* erkek ergin çıkışı üzerine etkisi.

Farklı besinlerle beslenen *T. turkestanica* dişilerinin ortalama erkek döl verimi en fazla besinsiz bırakılanlarda, en az ise balla beslenenlerde olmuştur. Verilen bütün besinler arasında istatistiksel olarak önemli fark görülmemiştir ($P>0.05$). Erkek döl verimi %'de olarak ise; en az (% 12) sakkaroz şurubu ve bal-yumurta sarısı karışımı ile beslenenlerde olurken, en fazla (% 52) besinsiz bırakılanlarda olmuştur.

Tablo 5.6 . Çeşitli besinlerle beslenen *T. turkestanica* dişilerinde ömür uzunluğu:

Besin çeşidi	Ortalama gün
HCl ayarlı enzim 1 g hidrolizi konsantre melas	2.3 a*
Besinsiz	2.6 ab
Su	2.6 ab
Sitrik asit ayarlı maya 2 saat hidrolizi melas	2.7 abc
Melas % 50	2.7 abc
HCL ayarlı enzim 1 g hidrolizi melas	2.7 abc
Melas % 25	2.9 abc
Nemlendirilmiş kuru üzüm	2.9 abc
HCl hidrolizi melas	3.0 abc
HCl ayarlı maya 2 saat hidrolizi konsantre melas	3.0 abc
Sitrik asit ayarlı enzim 1 g hidrolizi melas	3.0 abc
Sitrik asit ayarlı enzim 0.1 g hidrolizi melas	3.0 abc
HCl ayarlı enzim 0.1 g hidrolizi melas	3.0 abc
Sitrik asit hidrolizi melas	3.1 abcd
Sitrik asit ayarlı maya 1 saat hidrolizi melas	3.1 abcd
Ballıbaba çiçekleri	3.1 abcd
Köpek papatyası çiçekleri	3.2 abcd
HCl ayarlı maya 2 saat hidrolizi melas	3.3 bcd
Melas % 100	3.3 bcd
Glikoz Şurubu % 10	3.4 bcd
Bal+ Yumurta sarısı	3.5 bcdc
Bal+ Yumurta sarısı+Su	3.5 bcde
Erik çiçekleri	3.6 bcde
Sakkaroz Şurubu % 10	3.7 cde
Pekmez	4.1 de
Pekmez % 50	4.5 e
Söğüt çiçekleri	4.5 e
Karahindiba çiçekleri	8.7 f
Bal	10.5 g

*Değerler yanında aynı küçük harflerle gösterilen değerlerin ortalamaları Varyans analizi ve Duncan testine göre % 5 oranında istatistiksel olarak önemli değildir.

T. turkestanica dişileri 28 farklı besinle beslenmiş ve besin çeşidinin ömür uzunluğu üzerinde etkili olduğu görülmüştür. En fazla ömür uzunluğu balla beslenenlerde olurken, en az ömür uzunluğu besinsiz bırakılanlarla su, melas çeşitleri ve kuru üzümle beslenenlerde görülmüş, aralarındaki fark önemli olmuştur (P<0.05). Ayrıca ömür uzunluğunu desteklemede ikinci sırada yer alan karahindiba çiçekleriyle beslenenler ile balla beslenenler arasındaki fark istatistiksel olarak önemli bulunmuştur (P<0.05). Söğüt çiçekleri ve % 50 pekmez ile beslenenlerde ömür uzunluğu bal ve karahindiba çiçekleriyle beslenenlerden önemli derecede az olmuştur (P<0.05).

En az ömür uzunluğu ise konsantre edilen HCl ayarlı enzim 1g hidrolizi melasla olmuş, bunu sırasıyla besinsiz bırakılanlar ve su, sitrik asit ayarlamalı maya 2 saat hidrolizi melas, melas % 50, HCl ayarlı enzim 1g hidrolizi melas, melas % 25, kuru üzüm, HCl hidrolizi melas, konsantre edilen HCl ayarlı maya 2 saat hidrolizi melas, sitrik asit ayarlı enzim 1 g ve 0.1 g hidrolizi melaslar, HCl ayarlı enzim 0.1 g hidrolizi melas, sitrik asit hidrolizi melas, sitrik asit ayarlamalı maya 1 saat hidrolizi melas, ballıbaba ve köpek papatyası çiçekleri ile beslenenler takip etmiş, aralarındaki fark istatistiksel olarak önemli olmamıştır (P>0.05). 28 farklı besine ait ömür uzunluğu sonuçları ve istatistiksel değerlendirme Tablo 5.6'da verilmiştir.

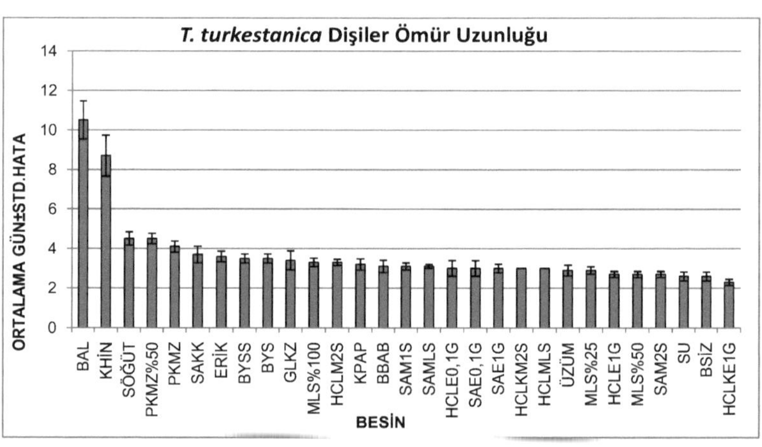

Şekil 5.7. Çeşitli besinlerin *T. turkestanica* dişilerinin ömür uzunluğu üzerine etkisi.

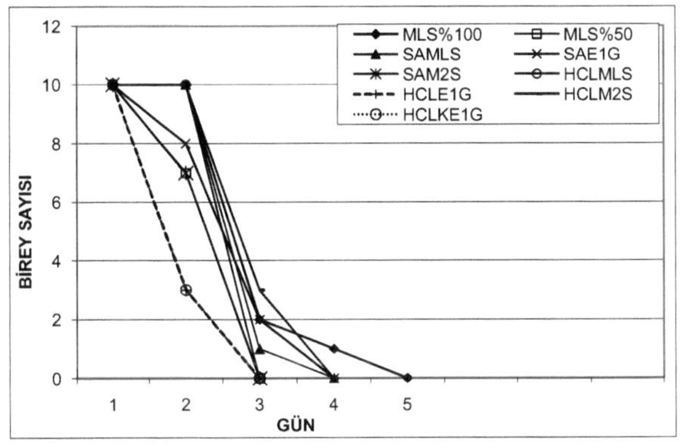

Şekil 5.8. Farklı melas örnekleri ile *T. turkestanica* dişilerinin ömür uzunluğu.

Farklı melas örneklerinin *T. turkestanica* dişilerinin ömür uzunluğu üzerine etkisi değerlendirildiğinde, en çok yaşayan bireyin ömür uzunluğu, % 100 melasla beslenenlerde en fazla (5 gün) olurken, sitrik asit hidrolizi melas, sitrik asit ayarlı enzim 1 g hidrolizi melas ve HCl ayarlı maya 2 saat hidrolizi melasla beslenenlerde orta düzeyde (4 gün), diğer melas örneklerinde ise en az (3 gün) olmuştur (Şekil 5.8).

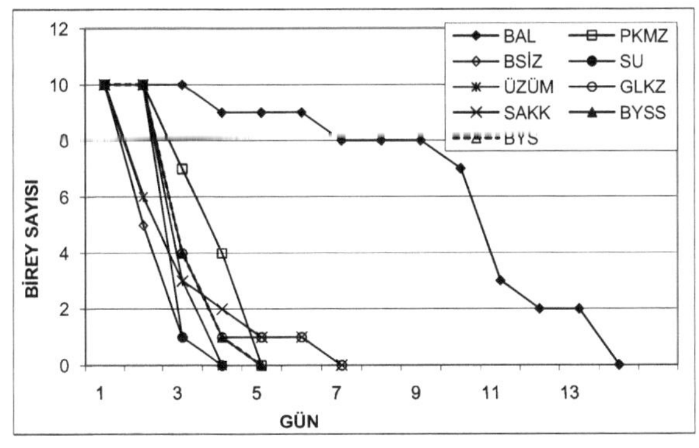

Şekil 5.9. Farklı besinlerle *T. turkestanica* dişilerinin ömür uzunluğu.

Melas dışındaki karbonhidrat ve protein kaynaklarına bakıldığında en çok yaşayan bireyin ömür uzunluğu, balla beslenenlerde en fazla (14 gün) olurken, kuru üzümle beslenenlerde en az (4 gün) olmuştur (Şekil 5.9).

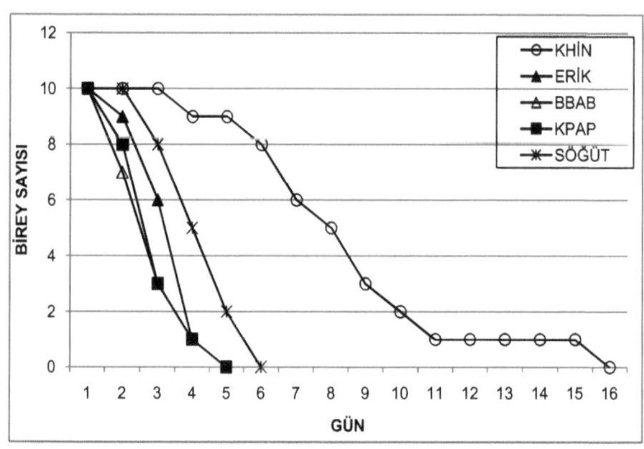

Şekil 5.10. Farklı çiçeklerle *T. turkestanica* dişilerinin ömür uzunluğu.

Farklı çiçeklerin ömür uzunluğuna etkisi incelendiğinde en çok yaşayan bireyin ömür uzunluğu, karahindiba çiçekleriyle beslenenlerde en fazla olurken (16 gün), ballıbaba, köpek papatyası ve erik çiçekleriyle beslenenlerde en az (5 gün) olmuştur (Şekil 5.10).

5.2.3. *Bracon hebetor* Say 1836

Kurulan kültürlerde ergin çıkışı günlük olarak takip edilmiş, çıkan erginler parazitleme ve ömür uzunluğu denemelerinde kullanılmıştır. Ömür uzunluğu denemelerinde dişiler ve erkekler için ayrı denemeler kurulmuştur.

Tablo 5.7. Çeşitli besinlerle beslenen *B. hebetor* dişilerinde parazitleme sonuçları:

Besin	Yumurta	Pupa	%Pupa	Ergin	%Ergin	Dişi	Erkek	D/E
ERIK	14.50 a*	2.75 a	19	2.75 a	100	1.88 a	0.88 a	2.14
KHİN	14.63 a	4.50 abc	31	4.50 abc	100	1.88 a	2.63 abcd	0.71
BBAB	17.13 ab	3.25 ab	19	3.13 ab	96	2.00 a	1.13 ab	1.77
BSİZ	17.25 ab	4.75 abc	28	4.50 abc	95	2.75 ab	1.75 abcd	1.57
KPAP	18.50 ab	3.63 ab	20	3.50 ab	96	1.38 a	2.13 abcd	0.65
BYSS	18.88 ab	4.50 abc	24	4.25 abc	94	2.38 ab	1.88 abcd	1.27
GLKZ	18.88 ab	3.75 ab	20	3.63 ab	97	2.13 ab	1.50 abc	1.42
SÖĞÜT	18.88 ab	4.25 abc	23	3.75 ab	88	1.38 a	2.38 abcd	0.58
BAL	19.25 ab	3.63 ab	19	3.25 ab	90	1.75 a	1.50 abc	1.17
PKMZ	19.88 ab	5.38 abc	27	5.00 abc	93	2.13 ab	2.88 abcd	0.74
SU	20.25 ab	6.25 abc	31	6.13 abc	98	2.75 ab	3.38 cd	0.81
ÜZÜM	20.38 ab	6.38 bc	31	5.50 bc	86	2.50 ab	3.00 cd	0.83
MLS	20.63 ab	6.63 bc	32	6.25 bc	94	2.5 ab	3.75 d	0.67
SAE1G	20.63 ab	4.3 abc	21	3.88 ab	90	1.38 a	2.50 abcd	0.55
HClE1G	21.00 ab	5.75 abc	27	4.88 abc	85	2.50 ab	2.38 abcd	1.05
BYS	21.88 b	5.75 abc	26	4.50 abc	78	1.75 a	2.75 bcd	0.64
SAKK	22.38 b	7.88 c	35	7.75 c	98	4.50 b	3.25 cd	1.38

*Değerler yanında aynı küçük harflerle gösterilen değerlerin ortalamaları Varyans analizi ve Duncan testine göre % 5 oranında istatistiksel olarak önemli değildir.

B. hebetor dişilerinde ortalama yumurta verimi (Tablo 5) erik ve karahindiba çiçekleri ile beslenenlerde en az, bal-yumurta sarısı karışımı ve sakaroz ile beslenenlerde ise en yüksek olmuştur ($P<0.05$). Bal, ballıbaba, köpek papatyası, bal-yumurta sarısı-su karışımı, glikoz şurubu, söğüt çiçekleri, pekmez, kuru üzüm, melas, sitrik asit enzim 1 g hidrolizi melas ve HCl enzim 1 g hidrolizi melasla beslenenlerde yumurta verimi, suyla beslenenler ve besinsiz bırakılanlar gibi orta düzeyde olmuş, aralarındaki fark istatistiksel olarak önemli bulunmamıştır (P>0.05).

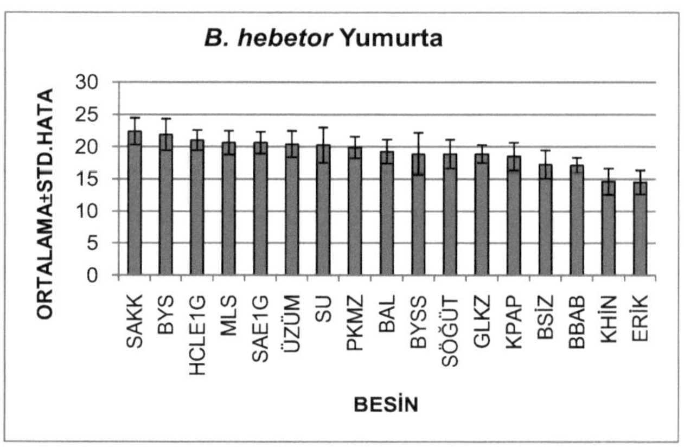

Şekil 5.11. Farklı besinlerin *B. hebetor* dişilerinin yumurta verimi üzerine etkisi.

B. hebetor dişilerinde yumurta verimine paralel olarak, ortalama pupa oluşumu (Tablo 5.7) en az erik çiçekleri ile beslenenlerde olurken, en fazla sakkaroz şurubu ile beslenenlerde olmuştur (P<0.05). Ballıbaba, köpek papatyası, bal ve glikoz şurubu ile beslenenlerde erik çiçeklerinden fazla pupa oluşumu görülmüş, sitrik asit enzim 1 g hidrolizi melas, söğüt, bal-yumurta sarısı-su karışımı, karahindiba, pekmez , HCl enzim 1 g hidrolizi melas, bal-yumurta sarısı karışımı ve su ile beslenenlerde ve besinsiz bırakılanlardaki pupa oluşumu erik çiçekleriyle beslenenlerden önemli derecede fazla olmamıştır (P>0.05). Sakkaroz şurubuna en yakın değerler ise kuru üzüm ve melas sağlandığında elde edilmiş, aralarındaki fark önemli bulunmamıştır (P>0.05). Pupa verimi %'de olarak ise; en az (% 19) bal, ballıbaba ve erik çiçekleriyle beslenenlerde olurken, en fazla (% 35) sakkaroz şurubu ile beslenenlerde olmuştur.

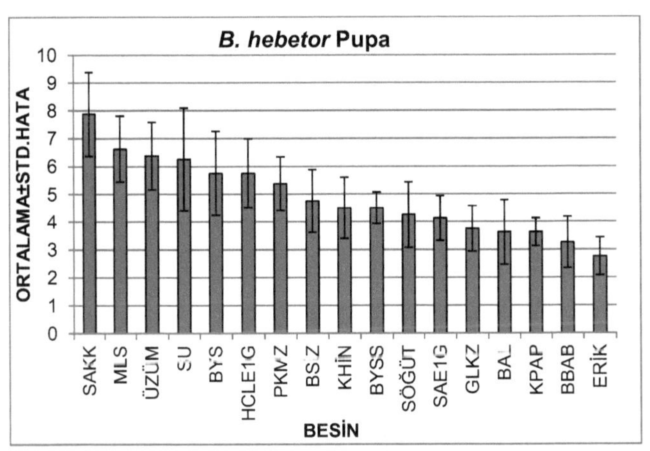

Şekil 5.12. Farklı besinlerin *B. hebetor* pupa verimi üzerine etkisi.

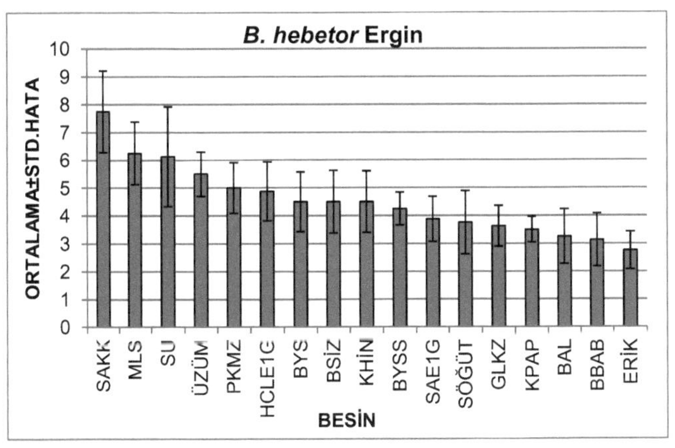

Şekil 5.13. Farklı besinlerin *B. hebetor* ergin verimi üzerine etkisi.

B. hebetor dişilerinde ortalama ergin verimi (Tablo 5.7) yumurta ve pupa verimine paralel olarak, erik çiçekleri ile beslenenlerde en az olurken, sakkaroz şurubu ile beslenenlerde en fazla olmuştur ($P<0.05$). Ballıbaba, bal, köpek papatyası, glikoz şurubu, söğüt ve sitrik asit enzim 1 g hidrolizi melasla beslenenlerle erik çiçekleri ile beslenenler arasındaki fark önemli olmazken ($P>0.05$), bu besin grubu ile sakkaroz, melas ve kuru üzümle beslenenler arasındaki fark önemli olmuştur (P<0.05). Bal-yumurta sarısı-su karışımı, karahindiba çiçekleri, bal- yumurta sarısı karışımı, HCl enzim 1 g hidrolizi melas, pekmez ve su ile beslenenlerde ve besinsiz bırakılanlarda ergin verimi orta düzeyde olmuş ve diğer besinlere ait sonuçlarla aralarındaki fark istatistiksel olarak önemli bulunmamıştır (P>0.05). Ergin verimi %'de olarak ise; en az (% 78) bal-yumurta sarısı karışımı ile beslenenlerde olurken, en fazla (% 100) erik ve karahindiba çiçekleriyle beslenenlerde olmuştur.

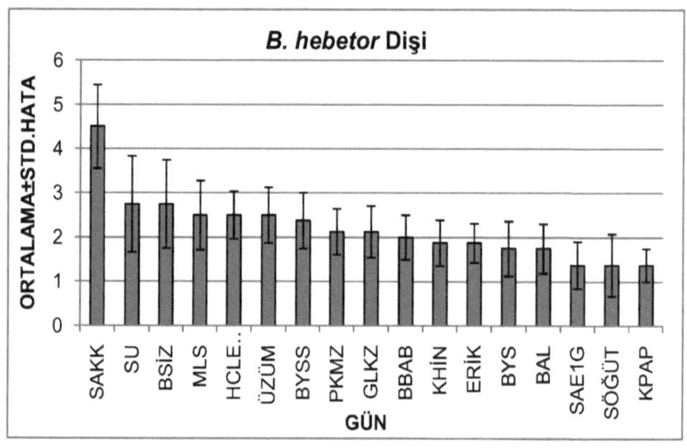

Şekil 5.14. Farklı besinlerin *B. hebetor* dişi ergin çıkışı üzerine etkisi.

B. hebetor dişi döl verimi (Tablo 5.7) ortalama olarak, en az köpek papatyası ve söğüt çiçekleri ve sitrik asit ayarlı enzim 1 g hidrolizi melasla beslenenlerde olurken, en fazla sakkaroz şurubu ile beslenenlerde olmuş ve aralarındaki fark istatistiksel olarak önemli bulunmuştur (P<0.05). En az döl verimi sağlayan besinlerle bal, bal-yumurta sarısı karışımı, ballıbaba, karahindiba ve erik çiçekleri arasında önemli fark olmamıştır (P>0.05). Dişi/erkek oranı en çok erik çiçekleri (2.14) ve ballıbaba çiçekleri (1.77) ile beslenenlerle besinsiz bırakılanlarda (1.57), en az sitrik ayarlı enzim 1 g hidrolizi melas (0.55) ve söğüt çiçekleri (0.58) ile beslenenlerde olmuştur. Dişi döl verimi %'de olarak ise; en fazla (% 68) erik çiçekleri ile beslenenlerde olurken, en az (% 36) sitrik asit ayarlı enzim 1 g hidrolizi melasla beslenenlerde olmuştur.

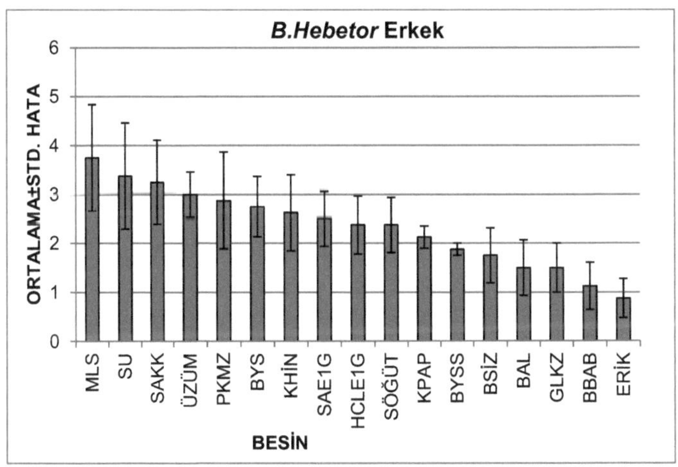

Şekil 5.15. Farklı besinlerin *B. hebetor* erkek ergin çıkışı üzerine etkisi.

B. hebetor'da erkek birey (Tablo 5.7) en az erik çiçekleri ile beslenenlerden elde edilirken, en fazla melasla beslenenlerden elde edilmiş, aralarındaki fark istatistiksel olarak önemli bulunmuştur (P<0.05). Erkek birey verimi karahindiba, ballıbaba, köpek papatyası ve söğüt çiçekleri, bal, pekmez, glikoz şurubu ve bal-yumurta sarısı-su karışımı ile beslenenlerde ve besinsiz bırakılanlarda erik çiçekleri ile beslenenlerden önemli farklılık göstermemiştir (P>0.05). Bal- yumurta sarısı karışımı, kuru üzüm, sakkaroz şurubu ve suyla beslenenlerde melasla beslenenlere yakın sonuçlar alınmıştır (P>0.05). Erkek birey verimi %'de olarak; en az (% 32) erik çiçekleriyle beslenenlerde olurken, en fazla (% 64) sitrik asit ayarlı enzim 1 g hidrolizi melasla beslenenlerde olmuştur.

Tablo 5.8. Çeşitli besinlerle beslenen *B. hebetor* dişilerinde ortama ömür uzunluğu:

Besin çeşidi	Ortalama gün
Sitrik asit hidrolizi melas	6.0 a*
Besinsiz	6.8 a
Melas % 100	6.9 a
Melas % 50	6.9 a
Sitrik asit ayarlı maya 2 saat hidrolizi melas	7.2 a
HCl hidrolizi melas	7.4 a
Sitrik asit ayarlı enzim 1 g hidrolizi melas	7.4 a
HCl ayarlı enzim 1 g hidrolizi melas	7.6 a
HCl ayarlı enzim 1 g hidrolizi konsantre melas	8.0 a
HCl ayarlı maya 2 saat hidrolizi melas	8.1 a
Su	8.4 a
Köpek papatyası çiçekleri	9.4 ab
Ballıbaba çiçekleri	11.8 abc
Söğüt çiçekleri	14.9 bcd
Bal+Yumurta sarısı	18.7 cd
Pekmez	19.6 d
Erik çiçekleri	21.9 de
Karahindiba çiçekleri	31.9 ef
Bal+Yumurta sarısı+Su	38.6 fg
Bal	42.8 g
Glikoz Şurubu % 10	43.8 g
Sakkaroz Şurubu % 10	45.2 g
Nemlendirilmiş kuru üzüm	46.6 g

*Değerler yanında aynı küçük harflerle gösterilen değerlerin ortalamaları Varyans analizi ve Duncan testine göre %5 oranında istatistiksel olarak önemli değildir.

22 çeşit besinle beslenen *B. hebetor* dişilerinde besinlerin ömür uzunluğu üzerinde önemli düzeyde etkisi olmuştur. En fazla ömür uzunluğu nemlendirilmiş kuru üzüm ile beslenenlerde olurken, en az ömür uzunluğu melas örnekleri ve suyla beslenenler ile besinsiz bırakılanlarda olmuştur ($P<0.05$). Köpek papatyası, ballıbaba, söğüt, bal-yumurta sarısı ve pekmezle beslenenlerde ömür uzunluğu orta düzeyde, erik ve karahindiba çiçekleri ile ise biraz daha fazla olmuştur. En fazla ömür uzunluğu sağlayan nemlendirilmiş kuru üzüm ile sakkaroz şurubu, glikoz şurubu, bal ve bal-yumurta sarısı-su karışımı arasındaki fark istatistiksel olarak önemli olmamıştır ($P>0.05$). 22 farklı besine ait ömür uzunluğu sonuçları ve istatistiksel değerlendirme Tablo 5.8'de verilmiştir.

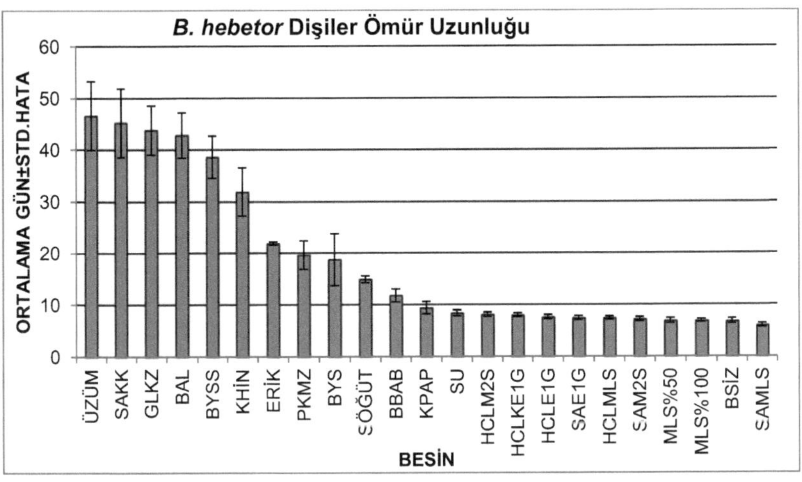

Şekil 5.16. Farklı besinlerin *B. hebetor* dişilerinin ömür uzunluğu üzerine etkisi.

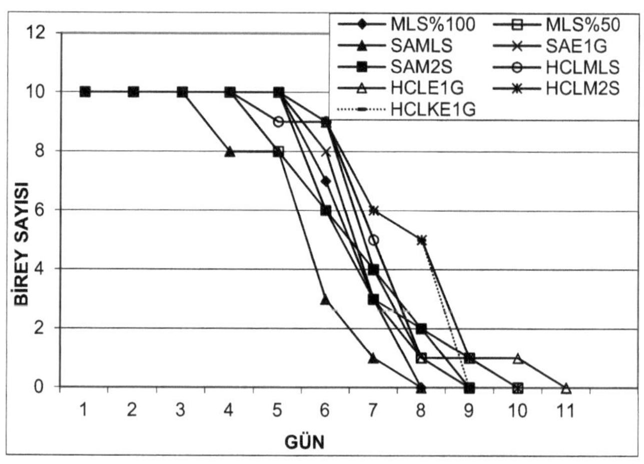

Şekil 5.17. Farklı melas örnekleri ile *B. hebetor* dişilerinin ömür uzunluğu.

Farklı melas örnekleri ömür uzunluğu açısından değerlendirildiğinde en çok yaşayan bireyin ömür uzunluğu, HCl ayarlı enzim 1 g hidrolizi melasla beslenenlerde en fazla (11 gün) olurken, sitrik asit ayarlamalı melasla beslenenlerde en az (8 gün) olmuştur (Şekil 5.17).

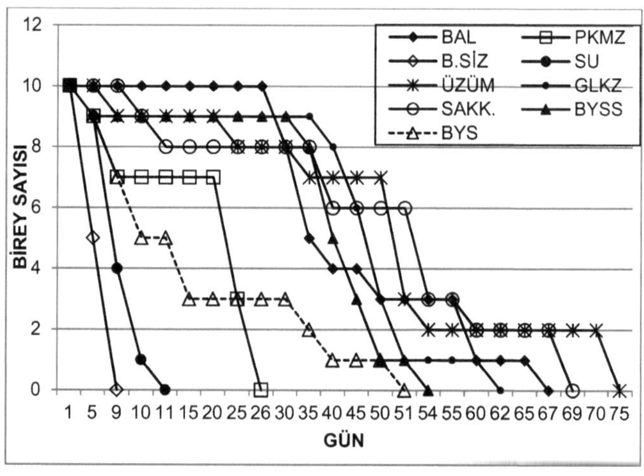

Şekil 5.18. Farklı besinler ile *B. hebetor* dişilerinin ömür uzunluğu.

Melas dışındaki karbonhidrat ve protein kaynaklarına bakıldığında; en çok yaşayan bireyin ömür uzunluğu kuru üzümle beslenenlerde en fazla (75 gün) olurken, pekmezle beslenenlerde en az (26 gün) olmuştur (Şekil 5.18).

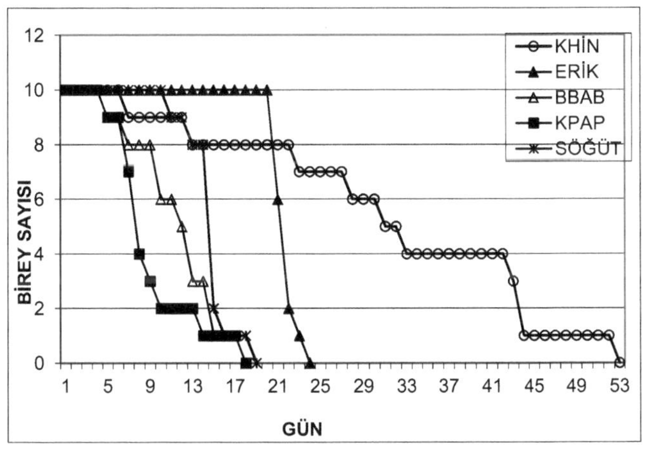

Şekil 5.19. Farklı çiçeklerle *B. hebetor* dişilerinin ömür uzunluğu.

Farklı çiçeklerle beslenen *B. hebetor* dişilerinde en çok yaşayan bireyin ömür uzunluğu, karahindiba çiçekleriyle beslenenlerde en fazla (53 gün) olurken, köpek papatyası çiçekleriyle beslenenlerde en az (18 gün) olmuştur (Şekil 5.19).

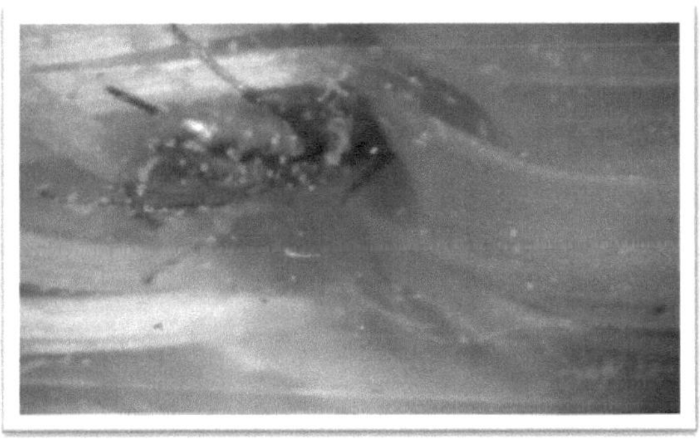

Şekil 5.20. Karahindiba çiçeği ile beslenen *B. hebetor* dişi bireyi.

Tablo 5.9. Çeşitli besinlerle beslenen *B. hebetor* erkeklerinde ömür uzunluğu:

Besin çeşidi	Ortalama gün
Sitrik asit hidrolizi melas	4.3 a*
HCl ayarlı maya 2 saat hidrolizi melas	5.0 a
HCl hidrolizi melas	5.1 a
Besinsiz	5.2 a
Melas % 100	5.2 a
Su	5.6 a
HCl ayarlı enzim 1 g hidrolizi konsantre melas	5.8 a
Melas %50	5.8 a
Sitrik asit ayarlı enzim 1 g hidrolizi melas	5.9 a
HCl ayarlı enzim 1 g hidrolizi melas	6.0 a
Köpek papatyası çiçekleri	6.2 a
Sitrik asit ayarlı maya 2 saat hidrolizi melas	6.5 a
Ballıbaba çiçekleri	7.6 ab
Glikoz Şurubu %10	7.9 ab
Bal+ Yumurta sarısı	9.4 ab
Söğüt çiçekleri	11.3 bc
Erik çiçekleri	14.3 cd
Sakkaroz Şurubu % 10	15.4 cd
Pekmez	19.5 de
Bal+ Yumurta sarısı+Su	23.8 def
Bal	27.3 fg
Nemlendirilmiş kuru üzüm	28.1 efg
Karahindiba çiçekleri	31.7 g

Değerler yanında aynı küçük harflerle gösterilen değerler Varyans analizi ve Duncan testine göre %5 oranında istatistiksel olarak önemli değildir.

22 çeşit besinle beslenen *B. hebetor* erkeklerinde besinlerin ömür uzunluğu üzerinde önemli düzeyde etkisi olmuştur. En az ömür uzunluğu besinsiz bırakılanlar ve suyla

beslenenlere benzer olarak melas örneklerinde olurken, en fazla ömür uzunluğu karahindiba çiçekleri ile beslenenlerde olmuş ve aralarındaki fark istatistiksel olarak önemli bulunmuştur (P<0.05). Karahindiba çiçekleriyle beslenenler ile kuru üzüm ve balla beslenenler arasındaki fark ve melas örnekleriyle beslenenlerle bal-yumurta sarısı karışımı, glikoz şurubu ve ballıbaba çiçekleriyle beslenenler arasındaki fark istatistiksel olarak önemli olmamıştır (P>0.05). Bal- yumurta sarısı- su, pekmez, sakkaroz şurubu, erik çiçekleri ve söğüt çiçekleriyle beslenenlerde ömür uzunluğu orta düzeyde olmuş, aralarındaki fark önemli bulunmamıştır (P>0.05). 22 farklı besine ait ömür uzunluğu sonuçları ve istatistiksel değerlendirme Tablo 5.9'de verilmiştir.

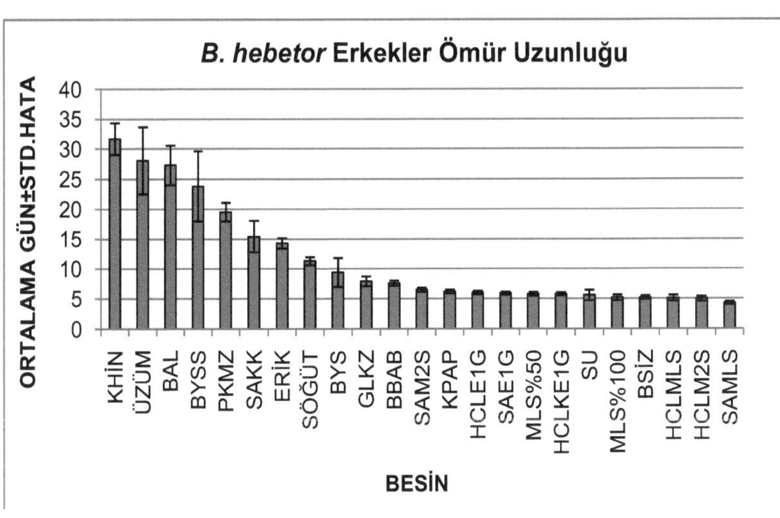

Şekil 5.21. Farklı besinlerin *B. hebetor* erkeklerinin ömür uzunluğu üzerine etkisi.

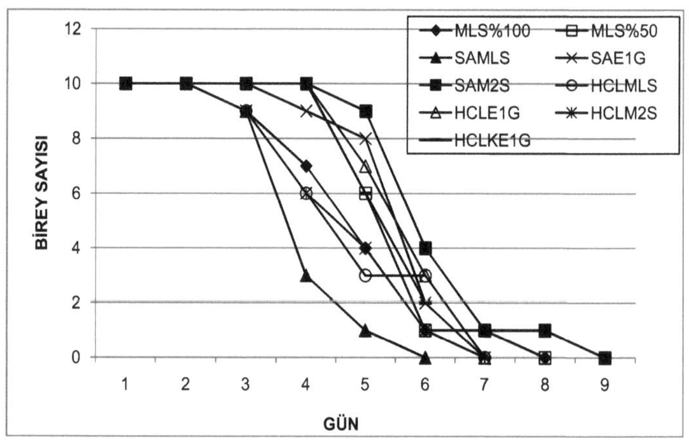

Şekil 5.22. Farklı melas örnekleri ile *B. hebetor* erkeklerinin ömür uzunluğu.

Farklı melas örnekleri *B. hebetor* erkeklerinin ömür uzunluğu açısından değerlendirildiğinde, en çok yaşayan bireyin ömür uzunluğu, sitrik asit ayarlı maya 2 saat hidrolizi melasla beslenenlerde en fazla (9 gün) olurken, sitrik asit hidrolizi melasla beslenenlerde en az (6 gün) olmuştur (Şekil 5.22).

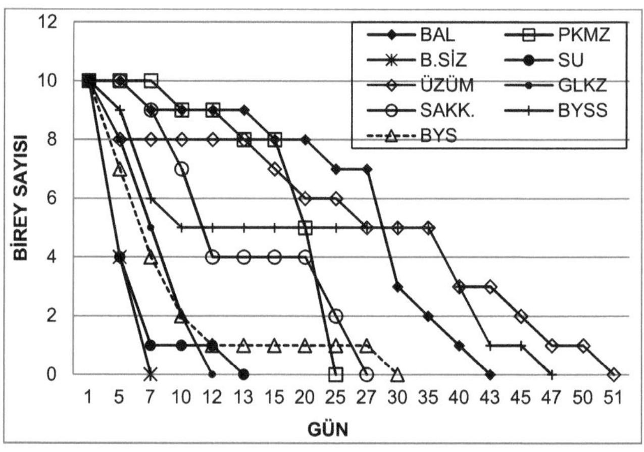

Şekil 5.23. Farklı besinler ile *B. hebetor* erkeklerinin ömür uzunluğu.

Melas dışındaki karbonhidrat ve protein kaynaklarına bakıldığında; en çok yaşayan bireyin ömür uzunluğu kuru üzümle beslenenlerde en fazla (51 gün) olurken, glikoz şurubu ile beslenenlerde en az (12 gün) olmuştur (Şekil 5.23).

B. hebetor erginlerinin günlük nemlendirilmiş kuru üzüm tüketimi; dişiler için 0,0033 gram, erkekler için 0,0009 gram olarak bulunmuştur.

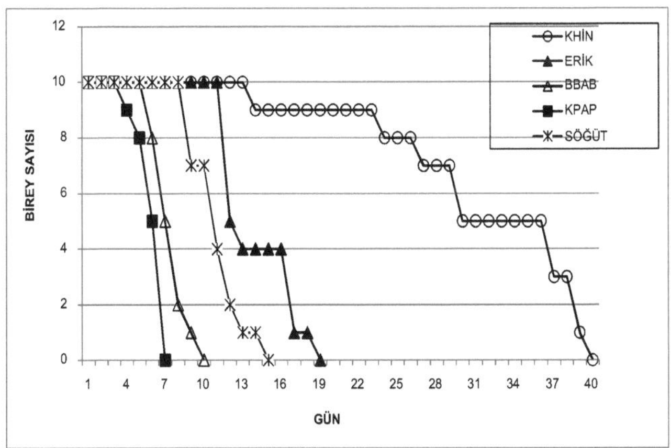

Şekil 5.24. Farklı çiçeklerle *B. hebetor* erkeklerinin ömür uzunluğu.

Farklı çiçeklerin ömür uzunluğuna etkisi incelendiğinde en çok yaşayan bireyin ömür uzunluğu karahindiba çiçekleriyle beslenenlerde en fazla (40 gün) olurken, köpek papatyası çiçekleriyle beslenenlerde en az (7 gün) olmuştur (Şekil 5.24).

B. hebetor dişilerine bazı besinler bir kez verilerek ömür uzunluğuna etkileri gözlemlendiğinde (Tablo 5.10), ortalama ömür uzunluğu en fazla pekmezle beslenenlerde olurken, en az glikoz şurubu ile beslenenlerde olmuş ve aralarındaki fark önemli bulunmuştur ($P<0.05$). Bal ve bal-yumurta sarısı karışımı ile beslenenlerle pekmezle beslenenler arasındaki fark ve sakkaroz şurubu, bal-yumurta sarısı-su karışımı ve kuru üzüm ile beslenenlerle glikoz şurubu ile beslenenler arasındaki fark önemli olmamıştır ($P>0.05$).

Tablo 5.10. Bir kez verilen besinlerle *B. hebetor* dişilerinde ömür uzunluğu:

Besin	Ortalama gün
Glikoz şurubu % 10	9.2 a*
Sakkaroz şurubu % 10	9.7 a
Bal+yumurta sarısı+su	9.8 a
Nemlendirilmiş kuru üzüm	11.0 a
Bal+yumurta sarısı	14.0 ab
Bal	18.4 b
Pekmez	18.5 b

*Değerler yanında aynı küçük harflerle gösterilen değerlerin ortalamaları Varyans analizi ve Duncan testine göre %5 oranında istatistiksel olarak önemli değildir.

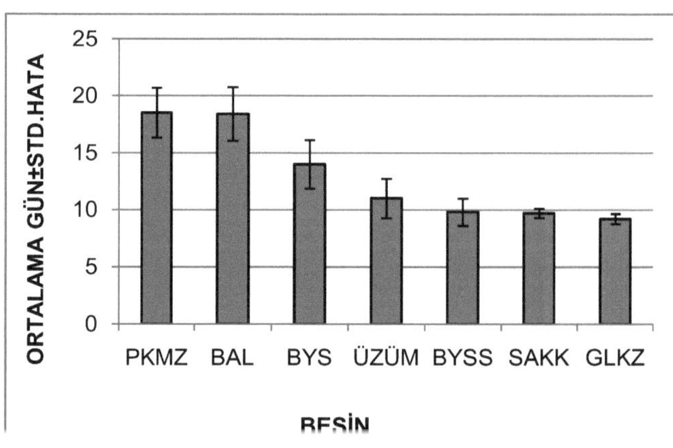

Şekil 5.25. Bir kez verilen besinlerin *B. hebetor* dişilerinin ömür uzunluğuna etkisi.

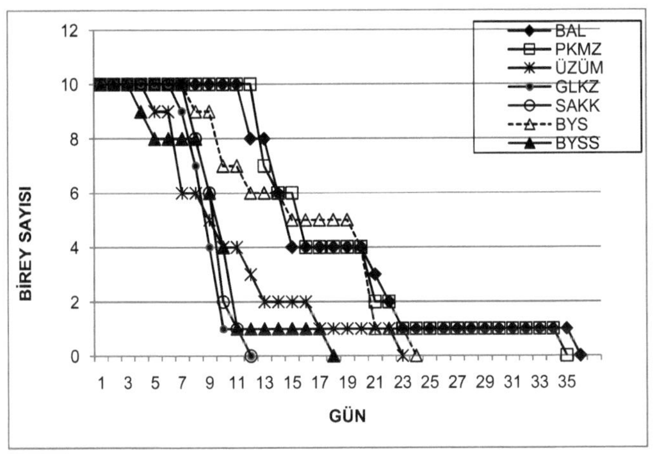

Şekil 5.26. Bir kez verilen besinlerle *B. hebetor* dişilerinin ömür uzunluğu.

B. hebetor dişileri için bir kez verilen besinlerle en çok yaşayan bireyin ömür uzunluğu balla en fazla olurken, sakkaroz ve glikoz şuruplarıyla en az olmuştur (Şekil 5.26).*B. hebetor* erkekleri bir defa verilen besinlerle ortalama olarak (Tablo 5.11) en çok balla yaşarken, en az glikoz şurubu ile yaşamış, aralarındaki fark önemli bulunmuştur ($P<0.05$). Balla beslenenler ile bal- yumurta sarısı karışımıyla beslenenler ve glikoz şurubuyla beslenenler ile kuru üzüm, sakkaroz şurubu ve pekmezle beslenenler arasındaki fark istatistiksel olarak önemli olmamıştır ($P>0.05$).

Tablo 5.11. Bir kez verilen besinlerle *B. hebetor* erkeklerinde ömür uzunluğu:

Besin	Ortalama gün
Glikoz şurubu % 10	6.6 a*
Nemlendirilmiş kuru üzüm	7.9 ab
Sakkaroz şurubu % 10	7.9 ab
Pekmez	9.6 abc
Bal+yumurta sarısı+su	9.7 bc
Bal+yumurta sarısı	11.3 cd
Bal	14.3 d

*Değerler yanında aynı küçük harflerle gösterilen değerlerin ortalamaları Varyans analizi ve Duncan testine göre %5 oranında istatistiksel olarak önemli değildir.

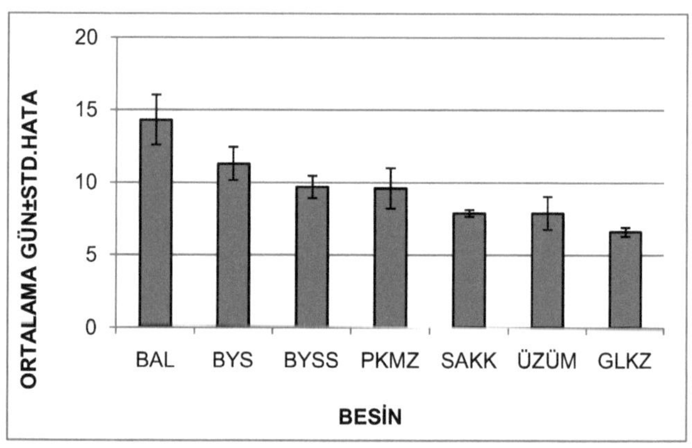

Şekil 5.27. Bir kez verilen besinlerin *B. hebetor* erkeklerinin ömür uzunluğuna etkisi.

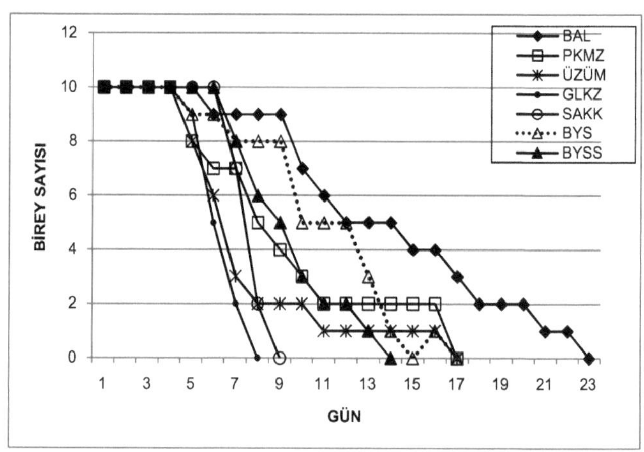

Şekil 5.28. Bir kez verilen besinlerle *B.hebetor* erkeklerinin ömür uzunluğu.

B. hebetor erkekleri için bir kez verilen besinlerle en çok yaşayan bireyin ömür uzunluğu balla beslenenlerde en fazla (23 gün) olurken, glikoz şurubuyla beslenenlerde en az (8 gün) olmuştur (Şekil 5.28).

6. BÖLÜM

TARTIŞMA VE SONUÇ

Ülkemizde tarımsal üretimin önemli kısmını oluşturan tahıl ürünleri depolama döneminde birçok zararlı tarafından tahrip edilmektedir [2]. Zararlılarla mücadelede kimyasal sentetik bileşiklerin en etkili ve kestirme yol olduğu fikri, kimyasal bileşiklerin hem çevre ve insan sağlığına zarar verdiğinin, hem de zararlıların bunlara karşı dayanıklılık kazandığının anlaşılması üzerine önemini yitirmiş, ekolojik dengeyi bozmayacak mücadele teknikleri, özellikle biyolojik mücadele önem kazanmıştır. Biyolojik mücadele; zararlı popülasyonunu azaltmak ve zararsız halde, yani baskı altında tutabilmek için canlı organizmalardan faydalanılarak yapılan bir mücadele şeklidir [4].

Biyolojik mücadelede yaralanılabilecek organizma grupları çok çeşitli olmasına karşın en fazla böceklerden faydalanılmaktadır [4]. Böcekler içinde de parazitoitler, zararlılara ait yumurta ve larvaları daha ürünlerde kayıp oluşturmadan öldürdükleri için ayrı bir öneme sahiptir. [15]. Biyolojik mücadelenin başarısında, salınan doğal düşman sayısı yanında; ergin çıkışı, ömür uzunluğu, yumurta verimi ve araştırma kapasitesi gibi biyolojik özellikler de etkilidir [17]. Doğal düşmanların biyolojik performanslarının arttırılmasında en önemli husus, doğal düşman erginlerinin beslenmesini sağlayabilmektedir. Pek çok doğal düşman enerji kaynağı olarak karbonhidratlara ve üreme ve gelişme için proteinlere ihtiyaç duyar ve bu kaynakların suni yolla sağlanması gerekir [4, 5].

Yumurta parazitoiti *T. turkestanica* ve larva parazitoiti *B. hebetor*'un biyolojik performanslarının artırılması amacıyla yapılan bu çalışmada parazitoitler laboratuarda rutin olarak kullanılan bala alternatif olabilecek farklı karbonhidrat ve protein kaynakları ile beslenmiş ve besin çeşidinin ömür uzunluğu ve parazitleme kapasitesi üzerine etkileri balla beslenenler ile kıyaslanarak değerlendirilmiştir. Bala göre ucuz maliyetle temin edilebilmesi ve yüksek oranda karbonhidrat içermesi nedeniyle şeker fabrikalarının yan ürünü olan melas belirlenmiş ve üzerinde çalışılmıştır. İşlenmiş yöresel ürünler olarak kuru üzüm ve pekmez, ticari ürünlerden mikrobiyolojik amaçlı sakkaroz ve glikoz, ayrıca kaliteli protein içeriği nedeniyle yumurta sarısı emüsyonu parazitoitlere verilerek değerlendirilmiştir. Parazitoitlerin doğada beslenme olanakları da araştırılmış, bazı nektarlı bitkilerin ömür uzunluğu ve parazitleme kapasitesi üzerine etkileri belirlenmiştir.

Melasta yapılan analizler sunucunda toplam şekerin tamamı (% 57) sakkaroz olarak bulunmuş, Lane-Eynon Metodu ile düşük seviyedeki invert şeker oranı (% 0.4 glikoz, % 0.6 fruktoz [24]) belirlenememiştir. Ham protein oranı % 7-12 olarak bildirilen [24] melasın protein ölçümünde % 12.13 protein içerdiği görülmüştür. Ayrıca melasta HMF değeri % 2.84 olarak bulunmuştur. Melasın bala göre sakkaroz oranının yüksek olması ve glikoz-fruktoz invert şekerlerinin yok denecek kadar az olması nedeniyle melastan invert şeker eldesi yolları araştırılmıştır. Melastaki sakkarozun, asit ve enzim hidrolizleri ve ekmek mayası (*S. cerevisiae*) fermantasyonu ile inverte olması sağlanmış, sonrasında invert şeker miktarları belirlenmiştir. Melasta bakteri yükünün fazla olmaması ve bir miktar maya içermesi melasın fermantasyon için uygun olduğunu göstermiştir.

Melas hidroliz deneyleri sonucunda yapılan invert şeker analizlerinde en yüksek invert şeker oluşumu 1 gram enzim kullanılarak yapılan hidrolizde görülmüş, maya fermantasyonu ürünlerinde invert şeker oranı daha düşük olmuş, asit hidrolizlerinde ise invert şeker tespit edilememiştir. Ömür uzunluğu denemelerinde *T. turkestanica* için tüm melas numuneleri kullanılırken, başarısız görülenler *B. hebetor*'un ömür uzunluğu denemelerinde kullanılmamıştır.

Melasta düşük oranda HMF bulunurken, hidroliz işlemleri uygulanan melaslarda bu oranın arttığı görülmüştür. Maya fermantasyonunda sıcaklık ve sürenin az (30°C-2 saat) olması HMF miktarında fazla artışa neden olmazken, enzim hidrolizlerinde sıcaklık ve sürenin fazla (60°C-8 saat) olması HMF miktarında fazla artışa neden olmuştur. Enzim hidrolizleri arasından da pH ayarlaması HCl ile yapılan melasta pH ayarlaması sitrik asitle yapılan melastan daha yüksek HMF oluştuğu görülmüştür. Kaynar su banyosunda 2 saat konsantre edilen pH ayarlaması HCl ile yapılan enzim hidrolizi melasta ise HMF miktarı en yüksek olmuştur. *T. turkestanica*'nın ömür uzunluğu sonuçları için melaslar kıyaslandığında; melas % 100'de (HMF= % 2.84) en uzun olurken, konsantre edilen HCl ayarlı enzim 1 g hidrolizi melasta (HMF= % 7.98) en kısa olduğu, diğerleri arasındaki farkın önemli olmadığı görülmüş ve hidroliz sonucu artan HMF'nin *T. turkestanica*'nın ömür uzunluğunu azaltabileceği belirlenmiştir. *B. hebetor*'da ise HMF değerleri ile ömür uzunluğu arasında bir ilişki görülmemiş, genel olarak hidroliz edilip invert şeker miktarları yükseltilen melaslarla, istatistiksel olarak önemli olmasa da, ömür uzunluğu daha fazla olmuştur.

Parazitleme denemelerinde her iki parazitoit için melas % 100, Sitrik asit ayarlamalı enzim 1 g hidrolizi melas ve HCl ayarlamalı enzim 1 g hidrolizi melas kullanılmıştır. Parazitleme kapasitesi *T. turkestanica*'da sitrik asit ayarlamalı enzim 1 g hidrolizi melasla, *B. hebetor*'da HCl ayarlamalı enzim 1 g. hidrolizi melasla beslenenlerde en yüksek olurken kullanılan diğer melaslarla aralarındaki fark önemli olmamıştır ($p>0.05$).

Melasın yüksek oranda sakkaroz (% 57) ve protein (% 12.13) içermesine, hidroliz ve fermantasyonla invert şeker oranının artırılabilmesine (% 35) rağmen *T. turkestanica* ve *B. hebetor*'un ömür uzunluğu için destekleyici olmadığı ve besinsiz bırakılanlarla aynı düzeyde ömür uzunluğu sağladığı görülmüştür. Parazitleme denemelerinde ise *T. turkestanica* için melasın; en iyi parazitleme sağlayan sakkaroz, yumurta sarısı-bal karışımı yada çiçeklerden önemli derecede farkı olmamış, benzer şekilde *B. hebetor* için melas ve hidroze melas örnekleri, sakkaroz ve yumurta sarısı-bal karışımından sonra en yüksek değeri vermiştir.

Nemlendirilmiş kuru üzüm ve pekmezin ömür uzunluğuna etkisi incelendiğinde *B. hebetor* dişi ve erkeklerinde sonuçlar benzer olmuş; kuru üzümle beslenenlerde (D:

46.6- E: 28.1 gün), balla beslemeye göre (D: 42.8- E: 27.3 gün) daha fazla ömür uzunluğu alınmasına karşın aralarındaki fark istatistiksel olarak önemli olmamıştır. Pekmezle beslenenlerde (D: 19.6-E: 19.5 gün) ise ömür uzunluğu balla beslenenlere göre düşük olmuştur ($p<0.05$). *T. turkestanica* dişilerinin ömür uzunluğuna bakıldığında bal kullanıldığında (10.5 gün) pekmez (4.1 gün) ve üzümden (2.9 gün) önemli derecede fazla ömür uzunluğu sağlanmış, besinsiz bırakma (2.6 gün) ile kuru üzümle besleme arasındaki fark önemli olmamıştır. Parazitleme denemelerinde ise pekmez ve üzümle, baldan daha iyi sonuç alınmış, üzüm ve bal arasındaki fark istatistiksel olarak önemli olmamıştır.

Melas, kuru üzüm ve pekmezin parazitoitlerin beslenmesinde kullanılmasına ilişkin kaynağa rastlanmazken, parazitoitlerin çeşitli besinler ve çiçeklerle beslenmeleriyle ilgili çalışmalar incelenmiş ve bu bölümde bizim sonuçlarımızla kıyaslanarak tartışılmıştır.

Dole [12] tarafından yapılan çalışmada yumurta parazitoiti *T. exiguum* su ile 0.8 gün yaşarken, balla 10.1 gün yaşamış, karabuğday ve rezene çiçekleri ile ömür uzunluğu baldan az olmuştur. Bizim çalışmamızda yumurta parazitoiti olarak *T. turkestanica* kullanılmış; su ile 2.6 gün yaşarken, balla 10.5 gün yaşamış, çiçeklerle ömür uzunluğu baldan az olmuş, sonuçlarımız *Trichogramma* türleri için balın önemini göstermesi bakımından uyumlu olmuştur. Dole [12] larva parazitoiti *C. congregata*'nın su ile 0.6, balla 2.0 gün yaşadığını, ömür uzunluğunun karabuğday çiçekleri ile balın iki katından fazla (5.1 gün) olduğunu bildirmiştir. Bizim çalışmamızda larva parazitoiti olarak *B. hebetor* kullanılmış; su ile 8.4 gün, bal ile 42.8 gün yaşamış ve *C. congregata*'nın karabuğday çiçekleriyle baldan daha uzun yaşamasına karşın, *B. hebetor*'un ömür uzunluğu kullanılan çiçeklere göre en fazla balla olmuştur.

Heslin ve ark. [30] *T. pretisum*'un doğal konukçu olmadan uygun suni diyette geliştirilmesi amacıyla çalışma yapmışlar ve tavuk yumurta sarısı ve böcek hücrelerinin *Trichogramma pretiosum* geliştirilmesi için en önemli komponentler olduğunu belirmişlerdir. Diyetten yumurta sarısı çıkarıldığı zaman *T. pretiosum* 'un ömür uzunluğu azalmış, larva-pupa gelişimi en düşük düzeyde kalmış ve ergin çıkışı olmamıştır. Bizim çalışmamızda *T. turkestanica* konukçu yumurtası olmaksızın balla beslendiğinde, bal-yumurta sarısı karışımı ile beslenmesiyle kıyaslandığında ömür uzunluğu 3 misli artmış, yumurta sarısının bala göre ömür uzunluğunu önemli derecede azalttığı görülmüştür. Parazitleme denemelerinde ise yumurta sarısı ilaveli balla beslenen dişilerde yumurta verimi baldan önemli derecede fazla olmuş, yumurta sarısı eklenmesinin sadece bal verilmesine göre parazitleme kapasitesini artırdığı belirlenmiştir. Sonuçlar döl verimi için uyumlu gözükürken, ömür uzunluğu için uyumsuz olmuştur.

Bu çalışmada *B. hebetor* ömür uzunluğu denemeleri konukçu olmaksızın yapılmış, besinsiz bırakılan dişiler; 6.8 gün yaşarken, besinsiz bırakılan erkekler; 5.2 gün yaşamış, bal verildiğinde dişilerin ömür uzunluğu 42.8 güne, erkeklerin ömür uzunluğu 27.3 güne yükselmiştir. Bal sağlanması dişilerde ömür uzunluğunu 6.3 kat, erkeklerde ise 5.3 kat artırmıştır. Gündüz ve Gülel [35] bizim sonuçlarımıza benzer olarak *B. hebetor* erginlerine bal çözeltisi sunulduğunda her iki eşeyde de ömür uzunluğunun belirgin olarak arttığını, verilen besinlerle dişilerin erkeklerden daha uzun süre yaşadığını bildirmişlerdir. Balın ömür uzunluğunu artırması ve dişilerin erkeklerden daha fazla yaşaması bakımlarından çalışmalarımız uyumlu olmuştur.

Williams ve Roane [41] gıda kaynağının yumurta parasitoiti *Anaphes iole*'in ömür uzunluğuna etkisini değerlendirmişler, test edilen arıların % 50'sinin sağ kaldığı günün ST_{50} değeri olarak verildiği çalışmada distile su, sakkaroz ve maltoz (di-glikoz) bir defa verilerek elde edilen ST_{50} değerleri sırasıyla; 2.374, 2.605, 2.638 olmuş, nektar şekerleri olan sakkaroz, glikoz ve fruktoz sağlandığında ömür uzunluğunun en fazla olduğu bildirilmiştir. Bizim çalışmamızda yumurta parazitoiti *T. turkestanica'* nın ortalama ömür uzunluğu belirlenmiş, glikoz ve fruktoz içeriği yüksek olan balla en fazla (10.5) ömür uzunluğu alınırken, parazitoit sakkaroz şurubuyla 3.7 gün, glikoz şurubuyla 3.4 gün, suyla ise 2.6 gün yaşamıştır. Stavraki [42] *Trichogramma*'yı bal ile beslediğinde ortalama ömür uzunluğunun 5 gün ve ortalama parazitleme miktarının 28 olduğunu; besin olarak su kullanıldığında ise ömür uzunluğunun 2.5 gün, parazitleme miktarının 10.6 olduğunu ifade etmiştir. Çalışmada balla besleme suyla beslemeye göre ömür uzunluğunu iki kat artırmıştır. Bizim çalışmamızda *T. turkestanica* balla 10.5 gün yaşamış, bir dişi arıya 24 saat için yaklaşık 50 adet yumurta sunulduğunda ortalama parazitlenmiş yumurta sayısı 13 olmuş, suyla beslendiğinde 2.6 gün yaşamış ve parazitlediği yumurta sayısı 24.5 olmuştur. Ömür uzunluğu bakımından çalışmalar kıyaslandığında; suyla beslenenlerin ömür uzunluğu yaklaşık olarak aynı olmuş ama bizim çalışmamızda balla besleme suyla beslemeye oranla ömür uzunluğunu dört kat artırmıştır. Parazitlemede ise çalışmada su ile bala göre daha düşük sonuç alınmış, bizim çalışmamızda su ile beslenen erginler, balla beslenenlerden daha fazla parazitleme yapmıştır. Yine Canpolat (2009) *T. turkestanica* ile yaptığı çalışmada parazitoite 50 yumurta sunulduğunda ortalama 28 tanesinin parazitlendiğini bildirmiştir. Bizim çalışmamızda balın düşük parazitleme (13/50) vermesinin, karbonhidrat baskısı olarak yorumlanabileceği gibi, parazitoitlerin aktivitesi yada ortam sıcaklığı, nem ve ışık durumundaki muhtemel değişikliklerden de kaynaklanabileceği düşünülebilir.

Hohman ve ark. [43] *T. platneri*'nin beslenmeyen dişilerinin 2 gün, bal ile beslenenlerin ise 8 gün yaşadıklarını belirtmişlerdir. Bizim çalışmamızda da benzer olarak ömür uzunluğu beslenmeyen dişilerde ortalama 2.6 gün olurken, balla beslenenlerde (10.5) önemli derecede artmıştır. Abbas [44] *T. busei* dişilerinin bal ile beslendiğinde 12.1 gün yaşadığını belirtmiştir. Bizim çalışmamızda *T. turkestanica* için balla beslendiğinde ömür uzunluğu 10.5 gün olmuştur.

Reznık ve ark. [45] *T. principium* ile yaptıkları çalışmalarında karbonhidrat kaynağının (bal) konukçu kabulü ve yumurta bırakmaya olumsuz etkisini araştırmışlar, beslenen ve beslenmeyen dişilerin iki gün boyunca bıraktıkları yumurta sayıları arasındaki farkın dört deneyin ikisinde önemli olduğunu bildirmişlerdir. Bu fark beslenen dişilerin yumurtalarının hepsini bırakmadığı yumurtlamayı ertelediği sonucunu vermiştir. Ayrıca diseksiyonla parazitoitlerin ovaryumlarından çıkartılan yumurtalarla, beslenen dişilerin beslenmeyenlerden daha fazla konukçu yumurtası reddettiğini göstermişlerdir. Bizim çalışmamızda da besinsiz bırakılan ve balla beslenen dişilerin 1 gün (24 saat) boyunca sunulan konukçu yumurtaları için ortalama parazitleme miktarları karşılaştırıldığında; besinsiz bırakılanlarda (19.50) balla beslenenlerden (13) daha fazla konukçu parazitlediği ve yumurta bırakıldığı görülmüştür.

Dole [12] tarafından Leatemia ve ark. (1995)'na atfen verilen bilgiye göre *T. minutum*'un ömür uzunluğu boyunca döl veriminin, balla beslenenlerde beslenmeyen dişilere göre etkili olarak artmasına karşın, kontrolde ve balla beslenenlerde dişinin yaşamının ilk iki gününde yaklaşık olarak eşit olduğu belirtilmiştir. Bu bilgi de yaşamın başında bal sağlanmasının besinsiz bırakılanlara nazaran döl verimini artırmayabileceğini göstermektedir. Yine Sisterson ve Averill, parazitoit *Phanerotoma franklini* Gahan (*Hymenoptera: Braconidae*) için besin arayışının faydalarını ve parazitlemeye etkisini araştırdıkları çalışmalarında; besinin ömür uzunluğunu artırırken yumurta verimine etki etmediğini, ayrıca gıda kaynağı için harcanan zamanın düşük olduğunu ve konukçu arayışına etkisinin açık olmadığını belirterek parazitlemede gıda kaynağının çok etkili olmayabileceğini vurgulamışlardır [63].

Benzer olarak Berndt ve Wratten (2005)'ne atfen verilen bilgiye göre parazitoit *Dolichogenidae tasmanica*'da çiçekli kuduzotu bitkilerinin ömür uzunluğunu çiçeksiz bitkiye göre 7 kat artırmasına karşın, her iki bitkide yaşamın ilk üç gününde günlük döl veriminin yaklaşık olarak eşit kaldığı bildirilmiştir Buna göre ilk günlerde nektar sağlanmasının nektar bulunmaması ile aynı sonuç verebileceği gösterilirken bizim çalışmamızda yaşamın ilk gününde *T. turkestanica* dişilerine nektar sağlandığında, erik çiçekleri hariç, besinsiz bırakılanlara göre daha fazla parazitleme görülmüş ve verilen bilgiye ters düşmüştür.

Trichogramma türlerinin ömür uzunluğu ile ilgili Gurr ve Nicol [46] tarafından yapılan diğer bir çalışmada, *T. carverae*'nin besinsiz bırakıldığında 7 gün içinde öldüğü, konukçu varlığında besin olarak bal verildiğinde ise ömür uzunluğunun 11 güne çıktığını belirtilmiştir. Bizim çalışmamız konukçu yokluğunda 10 bircylc yapılmış, besinsiz bırakıldıklarında en fazla yaşayan bireyin 4 gün yaşadığı, ortalama ömür uzunluğunun 2.6 gün olduğu ve bal sağlandığında ise en fazla yaşayan bireyin 14 gün yaşadığı, ortalama ömür uzunluğunun 10.5 gün olduğu görülmüştür.

Lundren ve Heimpel [47] üç farklı *Trichogramma* türü için bal ile beslendiklerinde ömür uzunluklarının arttığını göstermişlerdir. Balla beslenen *T. pretiosum, T. minutum* ve *T. brassicae*'da ortalama ömür uzunluğu sırasıyla 7.16, 6.71 ve 4.02 gün, bal verilmeyenlerde ise sırasıyla 2.68, 2.42 ve 1.96 gün olarak bulunmuştur. Sonuçlar *Trichogramma* türleri için, balın ömür uzunluğunu desteklemedeki önemini göstermesi bakımından bizim sonucumuzla uyumlu olmuştur.

Baggen ve Gurr [49] tarafından yumurta parazitoiti *Copidosoma koehleri* dişileri ile yapılan çalışmada; ömür uzunluğu besinsiz bırakılanlarda 3.80 ± 0.367 gün, su ile beslenenlerde 5.26 ± 0.196 gün, glikoz (% 10'luk) ile beslenenlerde 7.20 ± 0.477 gün olurken, çiçeklerle ömür uzunluğu artmış; dereotu çiçekleri ile13.18 ± 0.315 gün, hodanotu çiçekleri ile 11.96 ± 0.633 gün, kişniş çiçekleri ile 9.84 ± 0.574 gün olmuştur. Parazitleme denemelerinde *C. koehleri* dişilerine su ve bal sağlanmış; balla beslendiklerinde parazitleme önemli derecede artmıştır. Bizim çalışmamızda yumurta parazitoiti *T. turkestanica*'nın ömür uzunluğu besinsiz bırakıldığında ve su verildiğinde 2.6 gün, % 10'luk glikoz çözeltisi verildiğinde artarak 3.4 gün olmuş, karahindiba ve söğüt çiçekleriyle ömür uzunluğu glikoz çözeltisinden önemli derecede fazla olurken, diğer çiçeklerle (ballıbaba, karahindiba, erik) aralarındaki fark önemli olmamıştır. % 10'luk glikoz çözeltisinin ve çiçeklerin ömür uzunluğunu artırması çalışma ile benzer olmuştur.

Begum ve ark. [50] yaptıkları çalışmada *Trichogramma carverea*'nın ömür uzunluğu üzerine doğal beyaz ve gıda boyası ile boyanmış açık pembe, koyu pembe ve mor çiçeklerin etkisini araştırmışlar, ömür uzunluğunun doğal beyaz çiçeklerde, boyananlardan daha fazla olduğunu bildirmişlerdir. Ayrıca parazitoitin beyaz çiçeklere hareketinin boyanan çiçeklerden daha fazla olduğu gözlemlenmiştir. Bizim çalışmamızda verilen çiçeklerin renkleri değerlendirildiğinde *T. turkestanica*'nın en fazla sarı bir çiçek olan karahindiba (8.7 gün) ile yaşadığı parazitoitin çoğunlukla çiçeğin içinde olduğu gözlemlenmiştir. Ömür uzunluğunda ikinci sırada yeşil söğüt çiçekleri ve üçüncü sırada beyaz erik çiçekleri gelmiştir. Parazitoitin hareketini çiçeklerdeki nektar veriminin etkilediği, nektar bakımından dominant olan sarı karahindiba ve yeşil söğüt çiçekleriyle ömür uzunluğu fazla olurken, nektar bakımından sekonder olan yine sarı köpek papatyası çiçekleri, beyaz erik çiçekleri ve mor ballıbaba çiçekleriyle ömür uzunluklarının daha az olduğu görülmüştür. *B. hebetor*'da ise dişiler çoğunlukla çiçeklerin içinde bulunurken, erkekler çiçeklerin dışında tüp çeperinde gözlenmiştir.

Zhang ve ark. [51] *Trichogramma brassicae* ile yaptıkları çalışmada polenin yanında su ve balın etkisini de değerlendirmişlerdir. Konukçu yumurtası olmaması durumunda ortalama ömür uzunlukları; mısır polenli su ile 4.97 gün, su ile 2.67 gün, bal ile 8.37 gün, mısır poleni ve bal karışımı ile 8.23 gün olmuştur. Bireylerin en çok yaşadığı gün sayısı mısır polenli su ile 10 gün, su ile 5 gün, bal ile 24 gün, mısır poleni ve bal karışımı ile 20 gün olmuştur. Ortalamada ve bireylerin en çok yaşadığı toplam sürede en yüksek sonuç balla alınmıştır. Ayrıca en yüksek döl veriminin bal-polen karışımı ile elde edildiğini ve bal sağlandığı zaman döl veriminin su sağlananlardan daha fazla olduğunu bildirilmiştir. Bizim çalışmamızda da ömür uzunluğu sonuçları benzer olmuştur. *T. turkestanica* konukçu yumurtası olmaması durumunda ortalama, su ile 2.6 gün, bal ile10.5 gün yaşamış, bireylerin en çok yaşadığı gün sayısı su ile 4 gün, bal ile 14 gün olmuş, ortalamada ve toplam sürede en yüksek sonuçlar balla alınmıştır. Parazitleme sonuçlarında ise balla beslenenlerde suyla beslenenlerden daha az parazitleme olmuş ve bu çalışma ile uyumlu olmamıştır. Irvin ve ark. [52] glikoz- fruktoz oranı yüksek olan balla yumurta parazitoidi üç *Gonatocerus* türünün (*G. ashmeadi, G. triguttatus ve G. fasciatus*) dişilerinin sırasıyla 46.5, 17.2 ve 24.8 gün yaşarken; sakkaroz oranı fazla olan Eliminade ile sırasıyla 9.8, 5.8 ve 4.7 gün yaşadığını bildirmişlerdir. HPLC analizleri *Gonatocerus* türleri için yüksek oranda glikoz (% 44) ve fruktoz (% 53) oranına sahip olan gıda kaynaklarının en faydalı olduğunu, parazitoitlerin yaşam uzunluğu için sakkarozun önemli olmayabileceğini göstermiştir. Bizim çalışmamızda da *T. turkestanica*'nın ömür uzunluğunu bal (10.5 gün) artırırken, sakkaroz (3.7 gün) ve glikoz (3.4 gün) çözeltileriyle ömür uzunluğu daha az olmuş ve aralarındaki fark önemli olmuştur. Glikoz fruktoz oranı yüksek olan balla ömür uzunluğu sakkaroz çözeltisinden 2.8 kat fazla olmuştur. *B. hebetor* dişilerinde ömür uzunluğu sakkaroz (45.2 gün) ve glikoz (43.8 gün) çözeltileriyle baldan (42.8 gün) fazla olmuş aralarındaki fark önemli olmamıştır. Bu durum larva parazitoiti *B. hebetor* dişilerinin ömür uzunluğunda sakkarozun bal kadar önemli olduğunu göstermiş ve çalışmaya tezat oluşturmuştur. *B. hebetor* erkeklerinde ise ömür uzunluğu, balla (27.3 gün) önemli derecede fazla olurken, sakkaroz (15.4 gün) ve glikoz (7.9 gün) çözeltileri ile daha az olmuş ve aralarındaki fark istatistiksel olarak önemli bulunmuştur. Bu durum *B. hebetor* erkeklerinin ömür uzunluğu için sakkarozun bal kadar önemli olmadığını göstererek çalışmayla uyumlu olmuştur. Bunun yanında erkeklerde sakkarozun glikozdan yaklaşık iki kat fazla ömür uzunluğu sağlaması bu çalışmaya ters olarak glikoza göre sakkarozun da ömür uzunluğu için önemli olabileceğini göstermiştir.

Laboratuar şartlarında ömür uzunluğunu destekleyici besinler olarak; *T. turkestanica* dişileri için balın, *B. hebetor* dişileri için bal, nemlendirilmiş kuru üzüm, sakkaroz çözeltisi ve glikoz çözeltisinin, *B. hebetor* erkekleri için ise bal ve nemlendirilmiş kuru üzümün, önemli olduğu belirlenmiştir. Çiçeklerde ise her iki tür için karahindiba çiçeklerinin ömür uzunluğunu artırdığı görülmüştür. Ayrıca döl veriminin artırılmasında her iki tür için sakkaroz çözeltilerinin ve bala yumurta sarısı ilave edilmesinin etkili olduğu sonucuna varılmıştır.

B. hebetor'da ömür uzunluğunu destekleyen nemlendirilmiş kuru üzüm ile döl verimi, sakkaroz çözeltisiyle beslenenlerden önemli derecede az olmazken, balla beslenenlerden daha fazla olmuştur. Çiçekler arasında ise en fazla parazitleme kapasitesi söğüt çiçekleri ile beslenenlerde olmuştur.

Bu sonuçlar doğrultusunda biyolojik mücadele çalışmalarında kullanılan yumurta parazitoiti *T . turkestanica* ve larva parazitoiti *B. hebetor*'un ömür uzunluğunun ve döl veriminin besinlerle değişebileceği ve zararlılar üzerindeki parazitik etkilerinin artırılabileceği görülmüştür. Ömür uzunluğunu artıran besinlerle döl verimini artıran besinlerin karıştırılmasının yada ardışık verilmesinin daha etkili olabileceği, ayrıca *B. hebetor* erginleri için yüksek parazitleme sağlayan ve nektar kapasitesi dominant olan dişi söğüt çiçekleri ile ömür uzunluğu denemelerine çiçeklenme döneminin ortasında başlandığı için ömür uzunluğunun azaldığı, çiçeklenme döneminin başında başlanmasının ömür uzunluğunu da artıracağı düşünülmektedir.

KISALTMALAR LİSTESİ

BSİZ : Besinsiz
GLKZ : Glikoz Şurubu % 10
SAKK : Sakkaroz Şurubu % 10
BYS : Bal + Yumurta Sarısı (1 : 1)
BYSS : Bal + Yumurta Sarısı + Su (2: 1: 1)
MLS : Melas
HMF : Hidroksi Metil Furfural
HCl :Hidroklorik asit
SAMLS : Sitrik asit hidrolizi melas
SAE0.1G : Sitrik asit ayarlamalı Enzim 0.1 gram hidrolizi melas
SAE1G : Sitrik asit ayarlamalı Enzim 1 gram hidrolizi melas
SAM1S : Sitrik asit ayarlamalı maya 1saat hidrolizi melas
SAM2S : Sitrik asit ayarlamalı maya 2 saat hidrolizi melas
HClMLS : HCl hidrolizi melas
HClE0.1G : HCl ayarlamalı Enzim 0.1 gram hidrolizi melas
HClE1G : HCl ayarlamalı Enzim 1 gram hidrolizi melas
HClKE1G : HCl ayarlamalı Enzim 1 gram hidrolizi konsantre edilmiş melas
HCLM2S : HCl ayarlamalı maya 2 saat hidrolizi melas
HClKM2S : HCl ayarlamalı maya 2 saat hidrolizi konsantre edilmiş melas
KHİN : Karahindiba çiçekleri
BBAB : Ballıbaba çiçekleri
KPAP : Köpek papatyası çiçekleri
EMS : En Muhtemel Sayı
kob/g : Koloni oluşturan birim / gram

TABLOLAR LİSTESİ

Sayfa No:

ŞEKİLLER LİSTESİ

Sayfa No:

KAYNAKLAR

1. Driesche V.G. R., Bellows S.T., Biological Control, Section 1, Chapter 1, Pest Origins, Pesticides and the History of Biological Control, 3-20, 1996.
2. Karabörklü, S., Çeşitli Bitkilerden Elde Edilen Uçucu Yağların Depolanmış Ürün Zararlısı Böcekler Üzerindeki Öldürücü Etkilerinin Araştırılması, Erciyes Üniversitesi, Fen Bilimleri Enstitüsü, Yüksek Lisans Tezi, Kayseri, 2008.
3. Yıldırım, E., Özbek, H., Aslan, İ., Depolanmış Ürün Zararlıları, Atatürk Üniversitesi, Ziraat Fakültesi Yayınları, Erzurum, No: 191, 77-103, 2001.
4. Oğurlu, İ., Biyolojik Mücadele, Süleyman Demirel Üniversitesi Yayın No: 8, 1-148, Isparta, 2000.
5. Driesche V.G.R., Bellows S.T., Biological Control, Section 1, Chapter 7, Natural Enemy Conservation, Providing Food or Shelter, 125-126, 1996.
6. Kansu, İ. A., Genel Entomoloji, Ankara Üniversitesi, Ziraat Fakültesi Yayınları No: 965, 170-171, 1986.
7. Driesche V. G. R., Bellows S. T., Biological Control, Section 1, Chapter 7, Natural Enemy Conservation, Providing Food or Shelter, 108, 1996.
8. Kansu, İ. A., Genel Entomoloji, 6. baskı, 157-168, Ankara, 1991.
9. Driesche V. G. R., Bellows S. T., Biological Control, Section 1, Chapter 2, Kinds of Biological Control Targets, Agents and Methods, 21-23, 1996.
10. Esin, T., Hububat ve Bakliyat Ambar Zararlıları Mücadele Talimatı, T. C. Tarım Bakanlığı Zirai Mücadele ve Zirai Karantina Genel Müdürlüğü, 21-24, 1971.

11.Dabbaloğlu, S., Parazitoit *Bracon hebetor* Say.(Hymenoptera: Braconidae) ile Konukçuları *Plodia interpunctella* Hübner (Lepidoptera: Pyralidae) ve *Ephestia kuehiella* Zeller (Lepidoptera: Pyralidae) Arasındaki Biyolojik İlişkiler Üzerine Araştırmalar, A.Ü., Fen Bilimleri Enstitüsü, Doktora Tezi, 2004.

12.Dole J., Evaluation of Floral Habitat as a Food Source for Natural Enemies of Insect Pests in North Carolina, III. Effects of Food Type on Longevity and Fecundity of *Trichogramma exiguum* and Longevity of *Cotesia congregata*, North Carolina State University, College of Agriculture and Life Sciences, Department of Entomology, Master Thesis , 40-62, 2006.

13.Driesche V. G. R., Bellows S.T., Biological Control, Section 1, Chapter 3, Parasitoids and Predators and Arthropods and Molluscs, 48-51, 1996.

14.Demirsoy, A., Yaşamın Temel Kuralları, Omurgasızlar-Böcekler Cilt 2/ Kısım 1, Ankara, 1997.

15.Smith, S. M., Biological Control with *Trichogramma*: Advances, Successes and Potential of Their Use. Annual Rewiew of Entomology, 41, 375-406, 1996.

16.Hassan, S. A., Strateegies to Select *Trichogramma* Species for Use in Biological Control with Egg Parasitoids CAB International, Wallingford, 555-71, 1994.

17.Tezze, A. A., Botto, E.N., Effect of Cold Storage on the Quality of *Trichogramma nerudai* (Hymenoptera: Trichogrammatidae), Biological Control, 30, 11-16, 2004.

18.Thompson, S. N. Nutrition and Culture of Entomophagous Insects. Annu. Rev. Entomol. 44, 561-592, 1999.

19. Kansu, İ.A., Böcek Ökolojisi, Ankara Üniversitesi Ziraat Fakültesi Yayınları No: 862, 144-154, 1983.

20. Kerkut, G. A., Gilbert, L. I., Comprehensive Insect Physiology Biochemistry and Pharmacology, Vol. 4, Dadd R. H., Nutrition: Organisms, 313-390, 1985.

21. Wäckers, F. L.,A Comparison of Nectar- and Honeydew Sugars with Respect to Their Utilization by the Hymenopteran Parasitoid *Cotesia glomerata*, Journal of Insect Physiology, 47, 1077–1084, 2001.

22. Lee, J. C., Heimpel, G. E., Nectar Availability and Parasitoid Sugar Feeding. Proc. 1st Int. Symp. Biol. Control Arthropods, 220-225, 2003.

23. Anonim TKB, Türk Gıda Kodeksi, Bal Tebliği, Yayımlandığı Resmi Gazete: 17.12.2005/ 26026, Tebliğ No: 2005/ 49

24. vander Poel P.W., Schiweck H., Schwartz T., Sugar Technology- Beet and Cane Sugar Manufacture. Higginbotham J. D., McCarthy J. Quality and Storage of Molasses, 1998.

25. vander Poel P.W., Schiweck H., Schwartz T., Sugar Technology- Beet and Cane Sugar Manufacture. Jung H. W. , Liquid Sugars: Manufacture and Properties., N. Gmbh & Co. K. G., Uelzen, Germany, 1998.

26. Anonim, (Gıda Sektörü- Enzimler- İnvertaz Enzimi) http//www.hammadeler.com, Kasım 2008.

27. Anonim, TS 3411, Çekirdeksiz Kuru Üzüm, Türk Standartları Enstitüsü, Ankara, 1993.

28. Anonim, Türk Gıda Kodeksi Tebliğleri, Üzüm Pekmezi Tebliği, No: 2007/ 27. http://www.kkgm.gov.tr/mev/kodeks.html, Mart 2009.

29. Anonim, TS 2066, Glikoz Şurubu, Türk Standartları Enstitüsü, Ankara, 1993.

30.Heslin, L. M., Kopittke, R. A., Merritt, D. J., Refinement of a Cell Line Based Artificial Diet for Rearing the Parasitoid Wasp, *Trichogramma pretiosum*, Biolojical Control 33, 278-285, 2005.

31.Sorkun K., Türkiye'nin Nektarlı Bitkileri Polenleri ve Balları, Palme Yayınları: 462, Ankara, 2008.

32.Cross, J.V. et all, Biocontrol of Pests of Apples and Pear in Northern and Central Europe: 2. Parasitoids, Biocontrol Science and Technology 9, 277-314, 1999.

33.Stein, C. P., Parra, J. R. P., Biological aspects of *Trichogramma* spp. In different hosts, Anais da Sociedade Entomologica da Brasil, 163-171, 1987, (Abst. In Rev. Appl. Ent. A., 7684), 1612, 1988.

34. Eliopoulos, P. A., Stathas G. J., Life Tables of *Habrobracon hebetor* (Hymenoptera: Braconidae) Parasitizing *Anagasta kuehniella* and *Plodia interpunctella* (Lepidoptera: Pyralidae): Effect of Host Density, J. Econ. Entomol. 101 (3), 982-988, 2008.

35.Gündüz, E. A., Gülel A., *Bracon hebetor* Say. (Hymenoptera: Braconidae) Erginlerinde Konukçu Türünün ve Besin Tipinin Ömür Uzunluğuna Etkisi, Türk Entomol. Derg. 28 (4), 275-282, 2004.

36.Stouthamer, R., Jochemsen, P., Platner, G. R., Pinto, J. D., Crossing Incompatibility Between *Trichogramma minutum* and *T. platneri* (Hym: Trichogrammatidae): Implications for Application in Biological Control, Environ. Entomol. 29 (4), 832-837, 2000.

37.Saour, G., Efficacy Assessment of Some *Trichogramma* Species (Hymenoptera: Trichogrammatidae) in Controlling the Potato Tuber Moth *Phthorimaea operculella* Zell. (Lepidoptera: Gelechiidae), J. Pest Sci., 77, 229-234, 2004.

38.Ayvaz, A., Un Güvesi *E. kuehniella* Zeller., (Lepidoptera: Pralidae) ve yumurta paraziti *T. evanescens* Westwood., (Hymenoptera: Trichoramatidae)'nin Bazı Biyolojik Özellikleri Üzerine Gamma Radyasyonunun Etkileri, Gazi Üniversitesi, Doktora Tezi, Ankara, 2001.

39.Steidle J. L. M., Rees D., Wright E. J., Assessment of Australian *Trichogramma* species (Hymenoptera: Trichogrammatidae), as Control Agents of Stored Product Moths, Journal of Stored Products Research 37 , 263-275, 2001

40.Hegazi, E., et all., Studies on Three Species of *Trichogramma* Foraging Behaviour for Food or Hosts, Journal of Applied Entomol, 124 (3/4), 145-149, 2000.

41.Williams L., Roane T. M., Nutritional Ecology of a Parasitic Wasp: Food Source Affects Gustatory Response, Metabolic Utilization and Survivorship, Journal of Insect Physilogy 53, 1262-1275, 2007.

42.Stavraki, H., Effects of diet and temperature on development, fecundity and longevity of a *Trichogramma* sp., Parasite of Olive Mont (*Prays olea*), Z. ang. Ent., 81, 381-386, 1976.

43.Hohman, C. L. et all., A Comparison of Longevity and Fecundity of Adult *Trichogramma platneri* (Hymenoptera: Trichogrammmatidae) Reared from Eggs of the Cabbage Looper and Acces to Honey, J. Econ. Entomol., 81 (5), 1307-1312, 1988.

44.Abbas, M. S. T., Studies on *Trichogramma busei* as a Biocontrol Agent Against *Pierris Rapae* in Egypt, Entomophaga, 34 (4), 417-451, 1989.

45.Reznik S.Y. A., et all, Carbohydrate Suppresses Parasitization and Induces Egg Retention in *Trichogramma*, Biocontrol Sciencc and Tcchnology 7, 271-274, 1997.

46. Gurr, G. M., Nicol, H. I., Effect of Food on Longevity of Adults of *Trichogramma carverae* Oatman and Pinto and *Trichogramma nr brassicae* Bezdenko (Hymenoptera: Trichogrammatidae), Australian Journal of Entomology 39, 185-187, 2000.

47. Lundgren, J. G., Heimpel, G. E., Quality Assessment of Three Species of Commercially Produced *Trichogramma* and the First Report of Thelytoky in Commercially Produced *Trichogramma*, Biological Control 26, 68-73, 2003.

48. Wellınga, S., Wysoki, M., Preliminary Investigation of Food Source Preferences of the Parasitoid *Trichogramma platneri* Nagarkatti (Trichogrammatidae: Hymenoptera), Anz. Schadlingskde, Pflanzenschutz, Umweltschutz 62, 133-135, 1989.

49. Baggen, L. R., Gurr, G. M., The Influence of Food on *Copidosoma koehleri* (Hymenoptera: Encyrtidae), and the Use of Flowering Plants as a Habitat Management Tool to Enhance Biological Control of Potato Moth, *Phthorimaea operculella* (Lepidoptera: Gelechiidae), Biological Control 11, 9-17, 1998.

50. Begum, M., Gurr, G.M., Wratten, S. D., Nicol, HI., Flower color affect tri-tropic-level biocontrol interactions, Bio. Control, 30, 584-590, 2004.

51. Zhang, G., Zimmermann, O., Hassan, SA, Pollen as Source of Food for Egg Parasitoids of the Genus *Trichogramma* (Hymenoptera:Trichogrammatidae), Biocontrol Science and Technology, 14(2), 201-209, 2004.

52. Irvin N. A., Hoddle M.S., Castle S.J., The Effect of Resource Provisioning and Sugar Composition of Foods on Longevity of Three *Gonatocerus* spp., egg Parasitoids of *Homalodisca vitripennis*, Biologycal Control 40, 69-79, 2007.

53. Magro, S. R., et all., Biological, Nutritional and Histochemical Basis for Improving an Artificial Diet for *Bracon hebetor* Say (Hymenoptera: Braconidae), Neotropical Entomology 35(2), 215-222, 2006.

54. Anonymous, Aerobic Plate Count, FDA Bacteriological Analytical Manual, Chapter 3, 2001.

55. Anonymous, Yeast, Molds and Mycotoxins, FDA Bacteriological Analytical Manual, Chapter 18, 2001.

56. Anonim, TS 3958, Vişne Reçeli, Türk Standartları Enstitüsü, Ankara, 1987.

57. Anonim, TS 3036, Bal, Türk Standartları Enstitüsü, Ankara, 2002.

58. Anonim, T. C. Resmi Gazete, Yakma Metodu, Sayı: 25571, 2004.

59. Anonim, TS 6178 ISO 7466, Meyve ve Sebze Mamulleri 5-Hidroksi Metil Furfurol Tayini, Türk Standartları Enstitüsü, Ankara, 2002.

60. Kılınçer, N., *Dibrachus cavus* (Walk) (Hymenoptera: Pteromalidae), *Bracon hebetor* Say. (Hymenoptera: Braconidae) ve *Galleria mellonella* L. (Lepidoptera: Pyralidae) Arasındaki Bazı Biyolojik ve Fizyolojik İlişkiler Üzerinde Araştırmalar, Doçentlik Tezi, Ankara, 1976.

61. Tunçyürek, C.M., Bracon hebetor (Say) (Hymenoptera: Braconidae) ile Cadra cautella (Walk) ve Anagasta kuehniella (Zeller) (Lepidoptera: Pyralidae)'ye Karşı Biyolojik Savaş imkanları üzerinde Araştırmalar, Teknik Bülten No: 20, Bornova Zirai Mücadele Araştırma Ens., İzmir, 1972.

62. Gündüz Akman E. , Gülel A. "Investigation of Fecundity and Sex Ratio in the Parasitoid Bracon hebetor Say (Hymenoptera: Braconidae) in Relation to Parasitoid Age" Turk J Zool, 29, 291-294, 2005.

63. Sisterson M.S.; Averil A.L. Costs and Benefits of Food Foraging for a Braconid Parasitoid, Journal of Insect Behavior, Volume 15, Issue 4, pp 571-588, 2002.

Printed by Books on Demand GmbH, Norderstedt / Germany